# 数控车床编程与操作

主编　朱建平

U0247258

北京理工大学出版社
BEIJING INSTITUTE OF TECHNOLOGY PRESS

**图书在版编目（CIP）数据**

数控车床编程与操作/朱建平主编 .—北京：北京理工大学出版社，2018.12
（2024.1重印）

ISBN 978 - 7 - 5682 - 6493 - 8

Ⅰ.①数…　Ⅱ.①朱…　Ⅲ.①数控机床－车床－程序设计－教材②数控机床－车床－操作－教材　Ⅳ.①TG519.1

中国版本图书馆 CIP 数据核字（2018）第 269148 号

出版发行／北京理工大学出版社有限责任公司

社　　　址／北京市海淀区中关村南大街 5 号

邮　　　编／100081

电　　　话／（010）68914775（总编室）

　　　　　　（010）82562903（教材售后服务热线）

　　　　　　（010）68944723（其他图书服务热线）

网　　　址／http：//www.bitpress.com.cn

经　　　销／全国各地新华书店

印　　　刷／廊坊市印艺阁数字科技有限公司

开　　　本／787 毫米×1092 毫米　1/16

印　　　张／14　　　　　　　　　　　　　　　　　　　　责任编辑／多海鹏

字　　　数／320 千字　　　　　　　　　　　　　　　　　文案编辑／多海鹏

版　　　次／2018 年 12 月第 1 版　2024 年 1 月第 4 次印刷　　责任校对／周瑞红

定　　　价／43.00 元　　　　　　　　　　　　　　　　　　责任印制／李志强

# 前　言

本书按照数控加工国家职业技能鉴定标准要求，从数控加工的实用角度出发，与相关企业技术部进行合作，将企业的实际数控加工案例引入教材，内容简明扼要，并按项目教学法、任务引领的思路进行编写，力求探索当前职业教育的新模式，强调职业技能实际应用能力的培养。同时，力求紧跟现代数控加工技术的步伐，结合编者多年从事数控加工教学和生产积累的经验，突出数控加工特点。

本书围绕职业能力目标的实现，突出能力目标，以职业活动为导向，以学生为主体，以项目为载体，以实训为手段，教学做一体，实现项目化教学。本书集工艺、编程、操作于一体，贯彻工学结合的原则，以法那克数控系统为基础，编写体例打破了传统的学科型课程架构，根据数控技术领域职业岗位群的需要，以典型零件为载体，以"工学结合"为切入点，以工作过程为导向，采用任务驱动模式编写。内容由浅入深、由简单到复杂，层次递进，让学生边学习理论知识边进行实训操作，加强感性认识，达到事半功倍的效果。通过本门课程的项目化教学，学生可以达到数控车工高级操作工水平。本书的特点主要体现在以下几个方面。

（1）围绕满足职业能力的培养，选取与组织课程内容。在课程内容的选取与组织上，坚持以培养学生的职业综合能力为主线，利用企业真实的加工零件作为任务来组织教学。根据企业和市场调研，本书根据机械加工企业生产的典型零件设计了四个教学项目，将知识、技能和职业素养融入教学过程中。

（2）根据数控加工的工作过程，组织和设计教学过程。教学内容选取的教学任务虽然设计的内容不同，但都是一个完整的工作过程，产品加工的步骤是相同的，都是按真实的工作流程进行设计，将职业岗位所需的知识、职业能力和职业素质融于工作任务中。

（3）基于"工作过程系统化"课程建设，强化校企全程共建共享。本课程本着"工作过程系统化"的课程建设任务，强化校企全程共建共享，具体表现在：师资队伍共建、课程体系和教材共建、实践教学条件共建，以及多元评价机制共建等，确保课程建设方案的实施。

（4）通过职业技能考试和数控技能大赛，实现课证和课赛融合。根据双证通融的要求，将职业标准融入人才培养目标中，从教学环节上令技能实践要求与职业技能鉴定要求相一致，从而实现课程标准与职业资格标准的融合；通过融入各种国家级、省级职业技能大赛试题案例，实现课赛融合。

由于编者水平有限，书中难免存在不足之处，恳请各位专家、同行、读者不吝赐教。

编　者

*Contents*                                                    目　录

# 目 录

Contents 目　录

# 目 录

# 项目一 数控车床基本操作

## 任务一 认识数控车床

### 任务目标

**1. 知识目标**

（1）了解数控车床的分类方法；

（2）熟悉数控车床常用的夹具与安装方法；

（3）熟悉数控车床常用刀具；

（4）掌握数控车床常用工量具的使用和读数方法。

**2. 能力目标**

（1）能识读数控车床的型号；

（2）能正确安装工件；

（3）能正确安装刀具。

### 任务描述

在 CK6150 数控车床上安装工件毛坯和刀具，体验透气帽零件数控加工的全过程，认识常用的数控车床，完成如图 1-1 所示透气帽零件的尺寸测量，并绘制零件图。

**图 1-1 透气帽零件**

### 任务支持

## 一、数控车床加工概述

数控技术即数字控制（Numerical Control）技术，简称 NC 技术，是用数字信号控制机床运动的一种自动控制方法。采用数控技术的控制系统称为数控系统（Numerical Control System，NCS）。采用存储程序的专用计算机来实现部分或全部基本数控功能的数控系统，称为计算机数控系统（Computer Numerical Control，CNC）。装备了数控系统的机床称为数控机床（Numerical Control Machine Tool，NCMT）。

需要指出的是，虽然国外早已改称为计算机数控（即 CNC），但我国仍习惯称数控

（NC），所以人们日常讲的"数控"实质上就是指"计算机数控"。

数控机床具有广泛的适应性，加工对象改变时只需要改变输入的程序指令。另外，数控机床加工性能比一般自动机床高，可以精确加工复杂型面，因而适合加工中小批量、改型频繁、精度要求高、形状较复杂的工件，并能获得良好的经济效果。

数控车床即计算机数字控制的车床，是目前使用最广泛的数控机床之一，也是目前国内使用量最大、覆盖面最广的一种数控机床，约占数控机床总数的25%。数控车床主要用于加工轴类、盘盖类等回转体零件，完成内外圆柱面、圆锥面、成形表面、螺纹和端面等的切削加工，并能进行车槽、钻孔、扩孔和铰孔等工作。

与普通车床相比，数控车床的结构具有以下特点：

（1）采用了全封闭或半封闭防护装置。数控车床采用的封闭防护装置可防止切屑或切削液飞出，从而避免给操作者带来意外伤害。

（2）增加数控装置。通过数控装置可自动控制数控车床的刀具与工件的相对运动，从而加工出所需要的工件。

（3）可自动换刀。数控车床均采用自动回转刀架，在加工过程中可自动换刀，从而连续完成多道工序的加工。

（4）主传动与进给传动分离。数控车床的主传动与进给传动采用了各自独立的伺服电动机，使传动链变得简单、可靠，同时，各电动机既可单独运动，也可实现多轴联动，纵向进给和横向进给不再由手轮控制，而是靠伺服电动机带动刀架移动。

（5）主轴转速高，工件装夹安全可靠。数控车床大多采用了液压卡盘，夹紧力调整方便可靠，同时也降低了操作工人的劳动强度。

数控车床加工与普通车床加工有很大不同，在数控加工前，需要把原先在普通车床上加工时需要操作工人考虑和决定的操作内容及动作，如走刀路线、切削参数、位移量、开车、停车、换向、主轴变速和开关切削液等各种动作用一些数字代码表示，把这些数字代码通过信息载体输入数控系统，数控系统经过译码、运算及处理，发出相应的动作指令，驱动刀具产生运动，加工出所需工件。

1.1.1 手机扫一扫，观看以上讲解资源。

## 二、数控车床的分类

### （一）按主轴的配置形式分类

数控车床按主轴的配置形式可分为卧式数控车床和立式数控车床。

**1. 卧式数控车床**

卧式数控车床的主轴轴线是水平放置的，如图1-2所示，主轴采用手动控制，机电一体化设计，外形美观，结构合理，用途广泛，操作方便，这种车床可实现自动控制，能够车削加工多种零件的内外圆、端面、切槽、任意锥面、球面及公/英制螺纹、圆锥螺纹等，适合大批量生产。

图 1-2 卧式数控车床

### 2. 立式数控车床

立式数控车床的主轴轴线是竖直放置的，如图 1-3 所示，其车床主轴与水平面垂直，有一个直径很大的圆形工作台，用于装夹工件。这类数控车床主要用于加工径向尺寸大、轴向尺寸相对较小的大型复杂零件。

图 1-3 立式数控车床

## （二）按控制系统的功能分类

数控车床按控制系统的功能水平可分为经济型数控车床、普及型数控车床和高级型数控车床。

### 1. 经济型数控车床

经济型数控车床也称简易型数控车床，如图 1-4 所示，通常为低档数控车床，一般采用 8 位 CPU 或单片机控制，分辨率为 10 μm，进给速度为 6~15 m/min，采用步进电动机驱动，具有 RS232 接口。低档数控车床最多联动轴数为二轴，具有简单 CRT 字符显示或数码管显示功能，无通信功能。

图 1 - 4　经济型数控车床

### 2. 普及型数控车床

普及型数控车床通常为中档数控车床，如图 1 - 5 所示，一般采用 16 位或更高性能的 CPU，分辨率在 1 μm 以内，进给速度为 15 ~ 24 m/min，采用交流或直流伺服电动机驱动；联动轴数为 3 ~ 5 轴；有较齐全的 CRT 显示及友好的人机界面，大量采用菜单操作，不仅有字符，还有平面线性图形显示、人机对话和自诊断等功能；具有 RS232 或 DNC 接口，通过 DNC 接口，不仅可以实现几台数控车床之间的数据通信，也可以直接对几台数控车床进行控制。

图 1 - 5　普及型数控车床

### 3. 高级型数控车床

高级型数控车床通常为高档数控车床，如图 1 - 6 所示，一般采用 32 位或 64 位 CPU，并采用精简指令集 RISC 作为中央处理单元，分辨率可达 0.1 μm，进给速度为 15 ~ 100 m/min，采用数字化交流伺服电动机驱动，联动轴数在 5 轴以上，有三维动态图形显示功能。高档数控车床具有高性能通信接口，具备联网功能，通过采用 MAP（制造自动化协议）等高级工业控制网络或 Ethernet（以太网），可实现远程故障诊断和维修，为解决不同类型、不同厂家生产的数控车床的联网和数控车床进入 FMS（柔性制造系统）和 CIMS（计算机集成制造系统）等制造系统创造了条件。

图 1 – 6　高级型数控车床

## （三）按控制系统运动方式分类

按控制系统运动方式划分，最常用的数控车床可分为以下三类：

### 1. 开环数控车床

开环数控车床采用开环进给伺服系统。其数控装置发出的指令信号是单向的，没有检测反馈装置对运动部件的实际位移量进行检测，不能进行运动误差的校正，因此步进电动机的步距角误差、齿轮和丝杠组成的传动链误差都将直接影响加工零件的精度。

开环数控车床通常为经济型、中小型车床，具有结构简单、价格低廉、调试方便等优点，但输出的扭矩值大小受到限制，而且当输入的频率较高时容易产生失步，难以实现运动部件的控制，因此已不能充分满足数控车床日益提高的功率、运动速度和加工精度的控制要求，图 1 – 7 所示为开环控制系统框图。

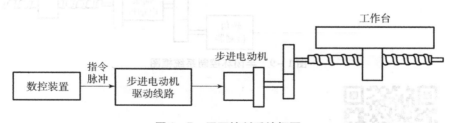

图 1 – 7　开环控制系统框图

### 2. 闭环数控车床

闭环数控车床的位置检测装置安装在进给系统末端的执行部件上，该位置检测装置可实测进给系统的位移量或位置。数控装置将位移指令与工作台端测得的实际位置反馈信号进行比较，根据其差值不断控制运动，使运动部件严格按照实际需要的位移量运动；还可利用测速元器件随时测得驱动电动机的转速，将速度反馈信号与速度指令信号进行比较，对驱动电动机的转速进行修正。这类机床的运动精度主要取决于检测装置的精度，与机械传动链的误差无关，因此可以消除由于传动部件制造过程中存在的精度误差给工件加工带来的影响，图 1 – 8 所示为闭环控制系统框图。

相比于开环数控车床，闭环数控车床精度更高、速度更快、驱动功率更大，但是，这类车床价格昂贵，并对车床结构及传动链提出了严格的要求，如传动链的刚度、间隙，导轨的低速运动特性，以及车床结构的抗振性等因素都会增加系统的调试难度。闭环系统设计和调

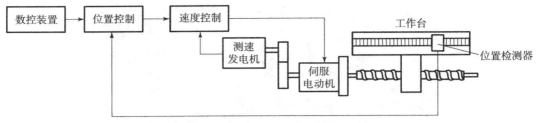

图1-8 闭环控制系统框图

整得不好，很容易造成系统的不稳定。所以，闭环控制数控车床主要用于一些精度要求很高的镗铣床、超精车床和超精磨床等。

### 3. 半闭环数控车床

半闭环数控车床的检测元件装在驱动电动机或传动丝杠的端部，可间接测量执行部件的实际位置或位移。这种系统的闭环环路内不包括机械传动环节，控制系统的调试十分方便，因此可以获得稳定的控制特性。由于采用高分辨率的测量元件，如脉冲编码器，所以可以获得比较满意的精度与速度。半闭环数控车床可以获得比开环系统更高的精度，但由于机械传动链的误差无法得到消除或校正，所以它的位移精度比闭环系统低。大多数数控车床采用半闭环控制系统，图1-9所示为半闭环控制系统框图。

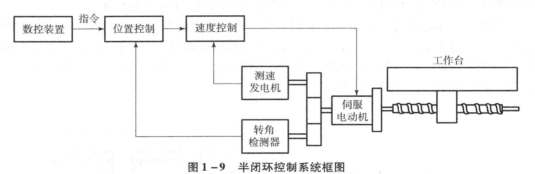

图1-9 半闭环控制系统框图

1.1.2 手机扫一扫，观看以上讲解资源。

## 三、数控车床的型号识读

数控车床采用与普通车床类似的型号表示方法，由字母及一组数字组成。图1-10中CK6150数控车床的型号含义为：

50-车床上最大回转直径的1/10（500 mm）；

1-卧式车床系；

6-落地及卧式车床组；

图 1 – 10　CK6150 数控车床

K – 数控;
C – 车床。

1.1.3 手机扫一扫，观看以上讲解资源。

# 四、数控车床常用夹具与工件装夹

## （一）数控车床常用夹具

数控车床夹具主要是指安装在数控车床主轴上的夹具（见图 1 – 11），这类夹具和车床主轴相连接并带动工件一起随主轴旋转。数控车床类夹具主要分为三大类：第一类是各种卡盘，即用于盘类零件和短轴类零件加工的夹具，如三爪卡盘和四爪卡盘，三爪卡盘主要用于回转工件的自动装夹，四爪卡盘主要用于非回转体或偏心件的装夹；第二类是花盘，用于形

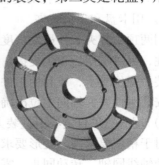

图 1 – 11　常用夹具

状不规则工件的装夹；第三类是中心孔、顶尖定心定位安装工件的夹具，适用于长度尺寸较大或加工工序较多的轴类零件。

### （二）工件的装夹与夹具选择

**1. 用通用夹具装夹**

1）在三爪自定心卡盘上装夹

三爪自定心卡盘的三个卡爪是同步运动的，能自动定心，一般不需要找正。三爪自定心卡盘装夹工件方便、省时，自动定心性好，但夹紧力较小，所以适用于装夹外形规则的中、小型工件。三爪自定心卡盘可装成正爪或反爪两种形式。反爪用来夹紧直径较大的工件。用三爪自定心卡盘装夹精加工过的表面时，被夹住的工件表面应包一层铜皮，以免夹伤工件表面。

数控车床多采用三爪自定心卡盘夹持工件，轴类工件还可使用尾座顶尖支撑。数控车床主轴转速较高，为便于夹紧工件，多采用液压高速动力卡盘。这种卡盘在生产厂家已通过了严格的平衡检验，具有高转速（极限转速可达 8 000 r/min 以上）、高夹紧力（最大推拉力为 2 000～8 000 N）、高精度、调爪方便、使用寿命长等优点。通过调整油缸的压力，可改变卡盘的夹紧力，以满足夹持各种薄壁和易变形工件的特殊需要。另外，还可使用软爪夹持工件，软爪弧面由操作者随机配制，可获得理想的夹持精度。为减小细长轴加工时的受力变形，提高加工精度，以及在加工带孔轴类工件内孔时，可采用液压自动定心中心架，其定心精度可达 0.03 mm。

2）在两顶尖之间装夹

对于长度尺寸较大或加工工序较多的轴类工件，为保证每次装夹时的装夹精度，可用两顶尖装夹。两顶尖装夹方便，不需要找正，装夹精度高，但必须先在工件的两端面钻出中心孔。该装夹方式适用于多工序加工或精加工。

用两顶尖装夹工件时必须注意的事项包括以下几点：

（1）前后顶尖的连线应与车床主轴轴线同轴，否则车出的工件会产生锥度误差。

（2）尾座套筒在不影响车刀切削的前提下，应尽量伸出得短些，以增加刚性，减少振动。

（3）中心孔应形状正确，表面粗糙度值小。轴向精确定位时，中心孔倒角可加工成准确的圆弧形倒角，并以该圆弧形倒角与顶尖锋面的切线为轴向定位基准进行定位。

（4）两顶尖与中心孔的配合应松紧合适。

3）用卡盘和顶尖装夹

用两顶尖装夹工件虽然精度高，但刚性较差。因此，车削质量较大的工件时要一端用卡盘夹住，另一端用后顶尖支撑。为了防止工件由于切削力的作用而产生轴向位移，必须在卡盘内装一限位支承，或利用工件的台阶面限位。这种方法比较安全，能承受较大的轴向切削力，安装刚性好，轴向定位准确，所以应用比较广泛。

4）用双三爪自定心卡盘装夹

对于精度要求高、变形要求小的细长轴类零件可采用双主轴驱动式数控车床加工，车床两主轴轴线同轴、转动同步，零件两端分别由三爪自定心卡盘装夹并带动旋转，这样可以减小切削加工时切削力矩引起的工件扭转变形。

**2. 用找正方式装夹**

（1）找正要求。找正装夹时必须将工件的加工表面回转轴线（同时也是工件坐标系 Z 轴）找正到与车床主轴回转中心重合。

（2）找正方法。与普通车床上找正工件相同，一般为打表找正。调整卡爪使工件坐标系 Z 轴与车床主轴的回转中心重合。

单件生产工件偏心安装时常采用找正装夹；用三爪自定心卡盘装夹较长的工件时，工件离卡盘夹持部分较远处的旋转中心不一定与车床主轴旋转中心重合，这时必须找正；当三爪自定心卡盘使用时间较长，已失去应有精度，而工件的加工精度要求又较高时，也需要找正。

（3）装夹方式。一般采用四爪单动卡盘装夹。四爪单动卡盘的四个卡爪是各自独立运动的，可以调整工件夹持部位在主轴上的位置，使工件加工面的回转中心与车床主轴的回转中心重合，但四爪单动卡盘找正比较费时，只能用于单件小批量生产。四爪单动卡盘夹紧力较大，所以适用于大型或形状不规则的工件。四爪单动卡盘也可装成正爪或反爪两种形式。

**3. 其他类型的数控车床夹具**

为了充分发挥数控车床高速度、高精度和自动化的效能，必须有相应的数控夹具与之配合。数控车床夹具除了使用通用三爪自定心卡盘、四爪卡盘、顶尖及便于自动控制的液压、电动及气动卡盘、顶尖外，还有其他类型的夹具，它们主要分为两大类，即用于轴类工件的夹具和用于盘类工件的夹具。

（1）用于轴类工件的夹具。数控车床加工一些特殊形状的轴类工件（如异形杠杆）时，坯件可装夹在专用车床夹具上，夹具随同主轴一同旋转。用于轴类工件的夹具还有自动夹紧拨动卡盘、三爪拨动卡盘和快速可调万能卡盘等。

（2）用于盘类工件的夹具。这类夹具适合用在无尾座的卡盘式数控车床上。用于盘类工件的夹具主要有可调卡爪式卡盘和快速可调卡盘。

1.1.4 手机扫一扫，观看以上讲解资源。

# 五、数控车床常用刀具及选择

## （一）数控刀具的结构

数控加工刀具可分为常规刀具和模块化刀具两大类。模块化刀具是发展方向。发展模块化刀具的主要优点如下：减少换刀停机时间，提高生产加工效率；加快换刀及安装时间，提高小批量生产的经济性；提高刀具标准化和合理化的程度；提高刀具管理及柔性加工的水平；提高刀具的利用率，充分发挥刀具的性能；有效地消除刀具测量工作的中断现象，可采用线外预调。事实上，由于模块刀具的发展，数控刀具已形成了三大系统，即车削刀具系统、钻削刀具系统和镗铣刀具系统。

数控车床刀具种类繁多，功能各不相同。根据不同的加工条件正确选择刀具是编制程序的重要环节，因此必须对车刀的种类及特点有一个基本的了解。在数控车床上使用的刀具有外圆车刀、麻花钻、镗刀、切断刀和螺纹加工刀具等，其中以外圆车刀、镗刀、麻花钻最为常用。

数控车床使用的车刀、镗刀、切断刀、螺纹加工刀具均有整体式和机夹式之分，除经济型数控车床外，目前广泛采用可转位机夹式车刀。

**1. 数控车床可转位刀具特点**

数控车床所采用的可转位车刀，其几何参数是通过刀片结构形状和刀体上刀片槽座的方位安装组合形成的，与通用车床相比一般无本质的区别，其基本结构、功能特点是相同的。但数控车床的加工工序是自动完成的，因此对可转位车刀的要求又有别于通用车床所使用的刀具，具体要求和特点见表 1-1。

表 1-1　可转位车刀特点

| 要求 | 特　　点 | 目　　的 |
|---|---|---|
| 精度高 | (1) 采用 M 级或更高精度等级的刀片；<br>(2) 多采用精密级的刀杆；<br>(3) 用带微调装置的刀杆在机外预调好 | 保证刀片的重复定位精度，方便坐标设定，保证刀尖位置精度 |
| 可靠性高 | (1) 采用断屑可靠性高的断屑槽或有断屑台和断屑器的车刀；<br>(2) 采用结构可靠的车刀，采用复合式夹紧结构和夹紧可靠的其他结构 | 断屑稳定，不能有紊乱和带状切屑；适应刀架快速移动和换位，以及整个自动切削过程中夹紧、不得有松动的要求 |
| 换刀迅速 | (1) 采用车削工具系统；<br>(2) 采用快换小刀夹 | 迅速更换不同形式的切削部件，完成多种切削加工，提高生产效率 |
| 刀片材料 | 刀片较多采用涂层刀片 | 满足生产节拍要求，提高加工效率 |
| 刀杆截形 | 刀杆较多采用正方形刀杆，但因刀架系统结构差异大，故有的需采用专用刀杆 | 刀杆与刀架系统匹配 |

**2. 可转位车刀的种类**

可转位车刀按其用途可分为外圆车刀、仿形车刀、端面车刀、内圆车刀、切断车刀、螺纹车刀、切槽车刀等，如表 1-2 所示。

表 1-2　可转位车刀的种类

| 类型 | 主偏角 | 适用机床 |
|---|---|---|
| 外圆车刀 | 90°、50°、60°、75°、45° | 普通车床和数控车床 |
| 仿形车刀 | 93°、107.5° | 仿形车床和数控车床 |
| 端面车刀 | 90°、45°、75° | 普通车床和数控车床 |

续表

| 类型 | 主偏角 | 适用机床 |
|---|---|---|
| 内圆车刀 | 45°、60°、75°、90°、91°、93°、95°、107.5° | 普通车床和数控车床 |
| 切断车刀 | — | 普通车床和数控车床 |
| 螺纹车刀 | — | 普通车床和数控车床 |
| 切槽车刀 | — | 普通车床和数控车床 |

**3. 可转位车刀的结构形式**

可转位车刀的结构形式如图 1-12 所示，有杠杆式、楔块式和楔块夹紧式。

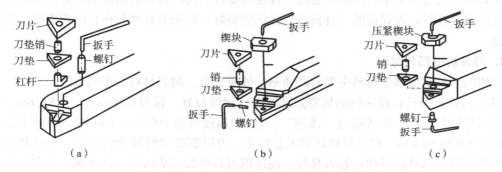

**图 1-12　可转位车刀的结构形式**

（a）杠杆式；（b）楔块式；（c）楔块夹紧式

（1）杠杆式：由杠杆、螺钉、刀垫、刀垫销、刀片等组成。这种方式依靠螺钉旋紧压靠杠杆，由杠杆的力压紧刀片以达到夹固的目的。其特点是适合各种正、负前角的刀片，有效的前角范围为 -60° ~ +180°；切屑可无阻碍地流过，切削热不影响螺孔和杠杆；两面槽壁给刀片有力的支撑，并确保转位精度。

（2）楔块式：由螺钉、刀垫、销、楔块、刀片等组成。这种方式依靠销与楔块的挤压力将刀片紧固。其特点是适合各种负前角刀片，有效前角的变化范围为 -60° ~ +180°。两面无槽壁，便于仿形切削或倒转操作时留有间隙。

（3）楔块夹紧式：由螺钉、刀垫、销、压紧楔块、刀片等组成。这种方式依靠销与楔块的挤压力将刀片夹紧。

## （二）刀具材料

刀具材料切削性能的优劣直接影响切削加工的生产率和加工表面的质量。刀具新材料的出现，往往能大大提高生产率，成为解决某些难加工材料的加工关键，并促进机床的发展与更新。

**1. 对刀具切削部分材料的要求**

金属切削过程中，刀具切削部分受到高压、高温和剧烈的摩擦作用；当切削加工余量不均匀或切削断续表面时，刀具还会受到冲击。为了使刀具能胜任切削工作，刀具切削部分材料应具备以下性能：

（1）高硬度和耐磨性。刀具要从工件上切下切屑，其硬度必须高于工件的硬度。在室温下，刀具的硬度应在 60 HRC 以上。刀具材料的硬度越高，其耐磨性越好。

（2）足够的强度与韧性。为使刀具能够承受切削过程中的压力和冲击，刀具材料必须具有足够的强度与韧性。

（3）高的耐热性与化学稳定性。耐热性是指刀具材料在高温条件下仍能保持其切削性能的能力。耐热性以耐热温度表示。耐热温度是指基本上能维持刀具切削性能所允许的最高温度。耐热性越好，刀具材料允许的切削温度越高。化学稳定性是指刀具材料在高温条件下不易与工件材料和周围介质发生化学反应的能力，包括抗氧化和抗黏结能力。化学稳定性越高，刀具磨损越慢。耐热性和化学稳定性是衡量刀具切削性能的主要指标。

刀具材料除应具有优良的切削性能外，还应具有良好的工艺性和经济性。它们主要包括：工具钢淬火变形要小，脱碳层要浅，淬硬性要好；高硬材料磨削性能要好；热轧成形的刀具高温塑性要好；需焊接的刀具材料焊接性能要好；所用刀具材料在我国应资源丰富、价格低廉。

**2. 刀具切削部分材料**

常用的刀具切削部分材料主要有高速钢、硬质合金、陶瓷材料及金刚石等。

（1）高速钢刀具：高速钢的抗弯强度较高、韧性较好，常温硬度在 63 ~ 66 HRC，刃磨时切削刃易锋利，生产中常称为"锋钢"。其红硬温度可达 600 ℃ ~ 660 ℃，切削中碳钢时切削速度 $v \leqslant 30$ m/min。它具有较好的工艺性能，可以制造刃形复杂的刀具，如麻花钻、丝锥、成形刀具，以及拉刀和齿轮刀具等。高速钢刀具可加工从碳钢到合金钢，从有色金属到铸铁等多种材料。但是，高速钢也存在耐磨性、耐热性较差等缺陷，已难以满足现代切削加工对刀具材料越来越高的要求。此外，高速钢材料中一些主要元素（如钨）的储藏资源在世界范围内日渐枯竭，据估计其储量只够再开采使用 40 ~ 60 年，因此高速钢材料面临严峻的发展危机。

普通高速钢常用的有以下两个品种：一是钨系高速钢（W18Cr4V，也称 18 - 4 - 1），具有较好的综合性能和可磨削性能，可制造各种复杂刀具和精加工刀具，在我国应用十分普遍；二是钨钼系高速钢（W6Mo5Cr4V2，也称 6 - 5 - 4 - 2），其高温性与塑性都超过 18 - 4 - 1，而切削性能却大致相同，目前主要用于制造热轧工具，如扭槽麻花钻等。

（2）硬质合金刀具：硬质合金是用钨和钛的碳化物粉末加钴作为黏结剂，高压压制成形后再高温烧结而成的粉末冶金制品。其硬度、耐磨性、耐热性均高于高速钢刀具。常温硬度达 89 ~ 94 HRA，耐热性达 800 ℃ ~ 1 000 ℃，切削钢时，切削速度可达 220 m/min 左右。但硬质合金的韧性较差，承受不了太大的冲击力，因此需要通过刃磨合理的刀具角度来弥补。硬质合金在数控车削中被广泛使用，常用的有 K 类、P 类、M 类。

①K 类（钨钴类硬质合金，YG），由碳化钨和钴构成。其硬度为 89 ~ 91.5 HYA，抗弯强度为 1.1 ~ 1.5 GPa，红硬温度为 800 ℃ ~ 900 ℃，常用的牌号有 YG3、YG6、YG8 等，YG 类硬质合金与钢的黏结温度较低，故适用于切削铸铁、有色金属及其合金，以及非金属材料和含 Ti 元素的不锈钢等，也适于加工铸铁、冷硬铸铁、短屑可锻铸铁和非钛合金。

②P 类（钨钛钴类硬质合金，YT），由碳化钨、碳化钛和钴构成，其硬度达到 89.5 ~ 92.5 HRA，抗弯强度为 0.9 ~ 1.4 GPa，红硬温度为 900 ℃ ~ 1 000 ℃，常用的牌号有 YT5、YT15、YT14、YT30（YT 按汉语拼音字母读音）。T 后面的数字为含 TiC 量的百分数，其余是 WC 和 Co，如 YT5 含 TiC 量为 5%，随着 TiC 含量的增多，其韧性和抗弯强度下降，硬度

增高，适合加工钢、长屑可锻铸铁。

③M类（钨钛钽钴类硬质合金，YW），由碳化钨、碳化钛、钴以及适量的碳化钽或碳化铌构成，不仅可提高抗弯强度和韧性，也可提高抗氧化能力、耐热性和高温硬度，是一种既能加工钢，又能加工铸铁和有色金属及其合金，并且通用性较好的刀具材料，常用的牌号有 YW1、YW2。此类硬质合金含有 4% 的 NbC，具有 YG 类硬质合金的韧性，适合加工奥氏体不锈钢、铸铁、高锰钢和合金铸铁等。

（3）陶瓷刀具。与硬质合金相比，陶瓷材料具有更高的硬度、红硬性和耐磨性。因此，加工钢材时，陶瓷刀具的耐用度是硬质合金刀具的 10 ~ 20 倍，其红硬性比硬质合金高 2 ~ 6 倍，且化学稳定性、抗氧化能力等均优于硬质合金。陶瓷材料的缺点是脆性大、横向断裂强度低、承受冲击载荷的能力差，这也是近几十年来人们不断对其进行改进的重点。

（4）其他材料，如立方氮化硼刀具、金刚石刀具等。

## （三）刀具材料选用

高速钢刀具韧性好，一般做成整体式。普通高速钢刀具应用较广，大切削量粗加工时应用较为广泛，但不能加工高硬度材料的工件。高性能高速钢具有针对性，可加工不锈钢、高温合金、钛合金等难加工材料。

硬质合金刀具韧性差，抗弯强度低，很少做成整体式，一般为镶焊或制成刀片形式。

K 类（YG）用于短切屑黑色、有色金属及非金属脆性材料的加工，如铸铁、青铜等。

P 类（YT）用于塑性较好的长切屑黑色金属的加工。

M 类（YW）用于长短切屑黑色及有色金属的加工。

粗加工，适合选用 K30 ~ K50、P30 ~ P50、M30 ~ M40 等材料。

半精加工，适合选用 K15 ~ K25、P15 ~ P25、M15 ~ M25 等材料。

精加工，适合选用 K01 ~ K10、P01 ~ P10、M05 ~ M10 等材料。

涂层硬质合金刀具视涂层材质按相应硬质合金适用性选用。

陶瓷刀片常用于无冲击振动的连续高速车削。

立方氮化硼用于高硬度、高强度、难切削的铁族材料的加工，如淬火钢、冷硬铸铁和高温合金等。

金刚石多用于有色金属及其合金的高速精细加工，如镜面车削。

## （四）刀片形状的选择

刀片的形状与刀尖角如图 1 - 13 所示。主要参数的选择方法如下：

**1. 刀尖角**

刀尖角的大小决定了刀片的强度。在工件结构形状和系统刚性允许的前提下，应选择尽可能大的刀尖角，通常这个角度为 35° ~ 90°。图 1 - 13 中的 R 型圆刀片，在切削时具有较好的稳定性，但易产生较大的径向力。

**2. 刀片形状的选择**

刀片形状主要依据被加工工件的表面形状、切削方法、刀具寿命和刀片的转位次数等因素进行选择。

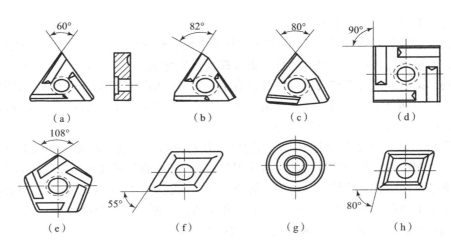

**图 1 – 13　刀片的形状与刀尖角**

（a）T 型；（b）F 型；（c）W 型；（d）S 型；（e）P 型；（f）D 型；（g）R 型；（h）C 型

正三角形刀片可用于主偏角为 60°或 90°的外圆车刀、端面车刀和内孔车刀。由于此刀片刀尖角小、强度差、耐用度低，故只适用于较小的切削用量。

正方形刀片的刀尖角为 90°，比正三角形刀片的 60°要大，因此其强度和散热性能均有所提高。这种刀片通用性较好，主要用于主偏角为 45°、60°、75°等的外圆车刀、端面车刀和镗孔刀。

正五边形刀片的刀尖角为 108°，其强度和耐用度高，散热面积大。但切削时径向力大，只宜在加工系统刚性较好的情况下使用。

菱形刀片和圆形刀片主要用于成形表面和圆弧表面的加工，其形状及尺寸可结合加工对象参照国家标准来确定。

### （五）数控车削刀具的选择

数控车削选择刀具主要考虑以下几个方面的因素：

（1）一次连续加工表面尽可能多。

（2）在切削过程中，刀具不能与工件轮廓发生干涉。

（3）有利于提高加工效率和加工表面的质量。

（4）有合理的刀具强度和寿命。

数控车削对刀具的要求更高，不仅要求精度高、刚度好、寿命长，而且要求尺寸稳定、耐用度高、断屑和排屑性能好，同时要求安装调整方便，以满足数控车床高效率的要求。

1.1.5 手机扫一扫，观看以上讲解资源。

## 六、数控车床常用工量具

### （一）数控车床常用的工具

数控车床常用的装卸工具主要有卡盘扳手和刀架扳手。

卡盘扳手用来装卸工件，如图 1 – 14 所示，卡盘扳手在完成装卸工件后必须随机取下，以防止主轴转动后扳手在离心力作用下飞出伤人。

**图 1 – 14　卡盘扳手与卡盘**

刀架扳手用来装卸刀具，如图 1 – 15 所示，在使用刀架扳手拧紧压刀螺栓时，切不可使用套筒等助力工具，防止将螺柱的纹路损坏。

**图 1 – 15　刀架扳手与刀架**

### （二）数控车床常用的量具

数控车床常用的量具有游标卡尺、外径千分尺和内径千分尺。

**1. 游标卡尺**

游标卡尺是一种测量长度、内外径和深度的量具，最常用的为机械式游标卡尺，如图 1 – 16 所示。

1）游标卡尺的结构

游标卡尺由主尺和附在主尺上能滑动的游标两部分构成，游标卡尺的结构如图 1 – 17 所示，若从背面看，游标是一个整体。游标与尺身之间有一个弹簧片，利用弹簧片的弹力使游标与尺身靠紧。游标上部有一紧固螺钉，可将游标固定在尺身上的任意位置。主尺一般以毫米为单位，而游标上有 10 个、20 个或 50 个分格，根据分格的不同，游标卡尺可分为十分

图 1－16　机械式游标卡尺

度游标卡尺、二十分度游标卡尺、五十分度游标卡尺等。游标卡尺的主尺和游标上有两副活动量爪，分别是内测量爪和外测量爪，内测量爪通常用来测量内径，外测量爪通常用来测量长度和外径。深度尺与游标尺连在一起，则可以测量槽和筒的深度。

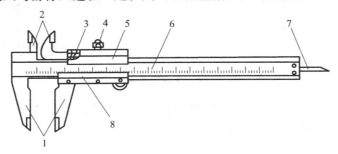

图 1－17　游标卡尺的结构

1—外量爪；2—内量爪；3—弹簧片；4—紧固螺钉；5—尺框；
6—尺身；7—深度尺；8—游标

2）使用游标卡尺的注意事项

游标卡尺的零位校准方法如下。

步骤一：使用前，松开尺框上的紧固螺钉，将尺框平稳拉开，用布将测量面、导向面擦干净；

步骤二：检查"零"位，即轻推尺框，使卡尺的两个量爪与测量面合并，这时游标"零"刻线与尺身"零"刻线应对齐，游标尾刻线与尺身相应刻线应对齐。否则，应送计量室或有关部门调整。

游标卡尺的测量方法如下。

步骤一：将被测物擦干净，使用时轻拿轻放；

步骤二：松开游标卡尺的紧固螺钉，校准零位，向后移动外测量爪，使两个外测量爪之间的距离略大于被测物体；

步骤三：一只手拿住游标卡尺的尺架，将待测物置于两个外测量爪之间，另一只手向前推动活动外测量尺，至活动外测量尺与被测物接触为止。

步骤四：读数。

使用游标卡尺的注意事项包括以下几点：

（1）测量内孔尺寸时，量爪应在孔的直径方向上测量；

（2）测量深度尺寸时，应使深度尺杆与被测工件底面相垂直。

游标卡尺的保养及保管需要注意以下几点：

（1）轻拿轻放；

（2）不要把卡尺当作卡钳或其他工具使用；

（3）卡尺使用完毕后必须擦净上油，两个外量爪间保持一定的距离，拧紧固定螺钉，放回卡尺盒内；

（4）不得放在潮湿及湿度变化大的地方。

**2. 外径千分尺**

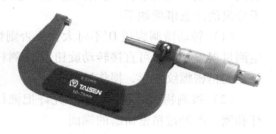

外径千分尺（Outside Micrometer），也叫螺旋测微器，简称为"千分尺"，如图1-18所示。它是比游标卡尺更精密的长度测量仪器，精度有0.01 mm、0.02 mm，0.05 mm几种，加上估读的1位，可读取到小数点后第3位（千分位），故称千分尺。

图1-18　外径千分尺

千分尺常用规格有0~25 mm、25~50 mm、50~75 mm、75~100 mm、100~125 mm等若干种。

1）外径千分尺的结构

外径千分尺的结构由固定的尺架、测砧、测微螺杆、固定套管、微分筒、测力装置、锁紧装置等组成，如图1-19所示。固定套管上有一条水平线，这条线上、下各有一列间距为1 mm的刻度线，上面的刻度线恰好在下面两相邻刻度线中间。微分筒上的刻度线是将圆周分为50等份的水平线，它是旋转运动的。从读数方式上来看，常用的外径千分尺有普通式、带表式和电子数显式三种类型。

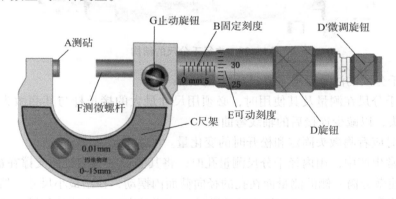

图1-19　外径千分尺的结构

2）使用外径千分尺的注意事项

外径千分尺的零位校准方法：使用千分尺时先要检查其零位是否校准，因此先松开锁紧装置，清除油污，特别是测砧与测微螺杆间接触面要清洗干净。检查微分筒的端面是否与固定套管上的零刻度线重合，若不重合应先旋转旋钮，直至螺杆要接近测砧时再旋转测力装置，当螺杆刚好与测砧接触时会听到"喀喀"声，这时停止转动。如两零线仍不重合（两零线重合的标志是：微分筒的端面与固定刻度的零线重合，且可动刻度的零线与固定刻度的水平横线重合），可将固定套管上的螺钉松动，用专用扳手调节套管的位置，使两零线对齐，再把螺钉拧紧。不同厂家生产的千分尺的调零方法不一样，这里介绍的仅是其中的一种。检查千分尺零位是否校准时，要使螺杆和测砧接触，偶尔会发生向后旋转测力装置两者不分离的情形。这时可用左手手心用力顶住尺架上测砧的左侧，右手手心顶住测力装置，再用手指沿逆时针方向旋转旋钮，可以使螺杆和测砧分开。

测量时被测物体长度的整数部分由固定刻度读出，小数部分由可动刻度读出（注意要估读一位数）。读数时，特别要注意固定刻度上表示 0.5 mm 的刻度线是否露出。使用外径千分尺的注意事项如下：

（1）转动微调旋钮 D′不可太快，否则惯性会使接触压力过大，进而使被测物变形，产生测量误差，更不可直接转动旋钮 D 使测杆夹住被测物，这样往往会导致压力过大而使测杆上的精密螺纹变形，损伤量具。

（2）被测物表面应光洁，不允许把测杆固定而将被测物强行卡入或拉出，以免划伤测杆和测砧的经过精密研磨的端面。

（3）轻拿轻放，防止掉落摔坏。

（4）用完后放回盒中，存放中测微螺杆 F 和测砧 A 不要接触，长期不用要涂油防锈。

**3. 内径千分尺**

内径千分尺（Inside Micrometer）用于内尺寸精密测量（分单体式和接长杆式），如图 1-20 所示。

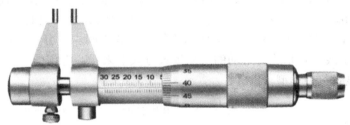

图 1-20　内径千分尺的结构

使用内径千分尺的注意事项主要包括以下几点：

（1）内径千分尺在测量及其使用时，必须用尺寸最大的接长杆与其测微头连接，依次顺接到测量触头，以减少连接后的轴线弯曲。

（2）测量时应看测微头固定和松开时的变化量。

（3）在日常生产中，用内径千分尺测量孔时，将其测量触头测量面支撑在被测表面上，调整微分筒，使微分筒一侧的测量面在孔的径向截面内摆动，找出最小尺寸。然后拧紧固定螺钉，取出并读数，也有不拧紧螺钉直接读数的，这样就存在姿态测量问题。姿态测量即测量时与使用时的一致性。例如，测量 75～600/0.01 mm 的内径尺，接长杆与测微头连接后尺寸大于 125 mm 时，其拧紧与不拧紧固定螺钉时读数值相差 0.008 mm，即姿态测量误差。

（4）内径千分尺测量时支承位置要正确。接长后的大尺寸内径尺重力变形，涉及直线度、平行度、垂直度等形位误差，其刚度的大小具体可反映在"自然挠度"上。理论和实验结果表明，由工件截面形状所决定的刚度对支承后的重力变形影响很大。例如，不同截面形状的内径尺其长度 $L$ 相同，当支承在 $\frac{2L}{9}$ 处时，都能使内径尺的实测值误差符合要求，但支承点稍有不同，其直线度变化值就较大。所以，在国家标准中将支承位置移到最大支承距离位置时的直线度变化值称为"自然挠度"。为保证刚性，在我国国家标准中规定了内径尺的支承点要在 $\frac{2L}{9}$ 及离端面 200 mm 处，即测量时变化量最小。同时，将内径尺每转 90° 检测一次，其示值误差均不应超过要求。

1.1.6 手机扫一扫，观看以上讲解资源。

## 任务实施

（1）选择 CK6150 数控车床，采用三爪卡盘安装工件；
（2）安装 93° 外圆车刀的刀片，并使用刀架扳手将该刀具安装到刀架的 1 号刀位；
（3）使用合适的量具测量透气帽零件的所有尺寸，并记下数值；
（4）绘制零件图样。

## 能力测评

### 一、判断题

1. 闭环控制系统比半闭环控制系统具有更高的稳定性。　　　　　　　　（　　）
2. 数控车床适用于大批量生产。　　　　　　　　　　　　　　　　　　（　　）
3. 数控车床是一种程序控制车床。　　　　　　　　　　　　　　　　　（　　）
4. 经济型数控车床一般采用半闭环控制系统。　　　　　　　　　　　　（　　）
5. 半闭环控制系统一般采用角位移检测装置间接地检测移动部件的直线位移。（　　）

### 二、选择题

1. CNC 是指（　　　　）。
A. 计算机数控　　　　B. 直接数控　　　　C. 网络数控　　　　D. 微型机数控

2. 采用（　　　　）进给伺服系统的数控机床的精度最低。
A. 闭环控制　　　　B. 开环控制　　　　C. 半闭环控制　　　　D. 点位控制

3. 下列控制系统中不带反馈装置的是（　　　　）。
A. 开环控制系统　　　　　　　　　　　B. 半闭环控制系统
C. 闭环控制系统　　　　　　　　　　　D. 半开环控制系统

4. 测量与反馈装置的作用是（　　　　）。
A. 提高机床的安全性　　　　　　　　　B. 提高机床的使用寿命
C. 提高机床的定位精度、加工精度　　　D. 提高机床的灵活性

5. 半闭环控制系统的反馈装置一般装在（　　　　）。
A. 导轨上　　　　B. 伺服电动机上　　　　C. 工作台上　　　　D. 刀架上

6. 闭环控制系统比开环控制系统及半闭环控制系统（　　　）。

A. 稳定性好　　　　　B. 故障率低　　　　　C. 精度低　　　　　D. 精度高

**三、讨论题**

1. 什么是数控技术？

2. 数控车床与普通车床相比有哪些异同点？

3. 数控车床按主轴的配置形式分为哪几类？

4. 开环、半闭环和闭环控制系统由哪些部分组成？它们的区别是什么？

5. 上网或查找期刊报纸，搜集有关数控的最新资料、图片等（如数控系统、数控机床、加工中心、FMC 和 FMS、CIMS 等），对数控形成自己新的认识。

# 任务二　数控车床操作准备

## 任务目标

**1. 知识目标**

（1）了解数控车床的安全操作规程与保养；

（2）熟悉数控车床系统面板按键的功能；

（3）熟悉数控车床操作面板按键的功能；

（4）了解数控车床的工作方式。

**2. 能力目标**

（1）能进行数控车床开机和关机的操作；

（2）能进行数控车床返回参考点的操作；

（3）能进行数控车床 MDI 方式下的操作；

（4）能进行数控车床手摇方式下的操作；

（5）能进行数控车床手动方式下的操作；

（6）能进行数控车床编辑方式下的操作；

（7）能在数控车床上进行程序的检验。

## 任务描述

了解车间的安全操作规程与保养要求，熟识 CK6150 数控车床系统面板和操作面板上各个按键的功能，并可以在 CK6150 数控车床进行基础操作。

## 任务支持

### 一、数控车床安全操作规程与保养

数控车床作为一个中档的精密设备，它的操作具有一定的安全要求，从而保障操作者的人身安全。另外，为了保证在数控车床上加工的零件能达到需要的精度，必须对数控车床进行定期的保养与维护，所以数控车床的安全操作规程与保养就变得十分重要，需要每个操作者谨记。

数控车床安全操作规程与保养共包含四个方面，分别是安全操作的基本注意事项、数控车床加工前后的注意事项、数控车床加工过程中的注意事项以及数控车床的保养要求。

**1. 数控车床安全操作的基本注意事项**

（1）工作时应戴好防护镜，穿好工作服，不得穿背心以及裙子，并保证工作服的衣领、袖口要系紧，不得穿凉鞋、拖鞋、高跟鞋，以免发生烫伤等危险，留有长发的工作人员要戴帽子，不允许戴手套操作机床。

（2）注意不要移动或损坏安装在车床上的警告标牌。

常见的警告标牌如图 1 - 21 所示。

图 1 - 21　常见的警告标牌

（3）注意不要在车床周围放置障碍物，工作空间应足够大。

（4）某一项工作若需要两人或多人共同完成，应注意相互间的协调一致。尤其需要注意，禁止一个人在测量工件时，其他人员开启主轴。

（5）禁止在车间内打闹嬉戏。

（6）不允许采用压缩空气清洗车床、电气柜及 NC 单元。

**2. 数控车床加工前的注意事项**

（1）车床工作前要有预热，认真检查润滑系统工作是否正常，若车床长时间未开动，可先采用手动方式向各部分供油润滑。

（2）使用的刀具应与车床允许的规格相符，有严重破损的刀具要及时更换，以避免加工后的工件不符合尺寸要求和精度要求。更换刀具时，不得脚踩数控车床，如图 1 - 22 所示。

（3）安装毛坯时，所用的卡盘扳手不要遗忘在车床内，如图 1 - 23 所示。

（4）测量完毛坯的大小后，不得将游标卡尺放在车床的防护门上，而要放到规定位置，如图 1 - 24 所示。

图 1－22　错误动作

图 1－23　错误操作（一）

图 1－24　错误操作（二）

（5）大尺寸轴类零件的中心孔是否合适，中心孔若太小，工作中易发生危险。

（6）刀具安装好后应进行一、二次试切削。

（7）检查卡盘夹紧工件的状态。

（8）车床开动前必须关好车床防护门。

**3. 数控车床加工后的注意事项**

（1）清除切屑，擦拭机床，要使车床与环境保持清洁状态。

（2）注意检查或更换磨损坏了的车床导轨上的油擦板。

（3）检查润滑油、冷却液的状态，及时添加或更换。

（4）依次关掉车床操作面板上的电源和总电源。

**4. 数控车床加工过程中的注意事项**

（1）禁止用手接触刀尖和铁屑，铁屑必须用铁钩子或毛刷进行清理。

（2）禁止用手或其他任何方式接触正在旋转的主轴、工件或其他运动部位。

（3）禁止加工过程中变速，更不能用棉丝擦拭工件，也不能清扫车床。

（4）车床运转中，操作者不得离开岗位，若发现异常现象应立即停车。

（5）经常检查轴承温度，过高时应找有关人员进行检查。

（6）在加工过程中不允许打开车床防护门。

（7）严格遵守岗位责任制，车床由专人使用，他人使用须经本人同意。

（8）工件伸出车床 100 mm 以外时，须在伸出位置设防护物。

（9）学生必须在完全清楚操作步骤的情况下再进行操作，遇到问题应立即向教师询问，

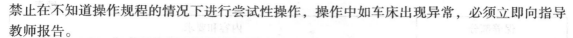

禁止在不知道操作规程的情况下进行尝试性操作，操作中如车床出现异常，必须立即向指导教师报告。

（10）手动原点回归时，注意车床各轴位置要距离原点在 100 mm 以上，机床原点回归顺序为：先 +X 轴，再 +Z 轴。

（11）使用手轮或快速移动方式移动各轴位置时，一定要看清机床 X、Z 轴各方向"+、−"号标牌后再移动。移动时先慢转手轮观察车床移动方向无误后方可加快移动速度。

（12）学生编完程序或将程序输入车床后，必须先进行图形模拟，准确无误后再进行车床试运行，并且刀具应离开工件端面 200 mm 以上。

（13）程序运行时需注意以下事项：

① 对刀应准确无误，刀具补偿号应与程序调用刀具号符合。

② 检查车床各功能按键的位置是否正确。

③ 光标要放在主程序头。

④ 加注适量冷却液。

⑤ 站立位置应合适，启动程序时，右手做按停止按钮的准备，程序在运行时手不能离开停止按钮，如有紧急情况应立即按下停止按钮。

（14）加工过程中认真观察切削及冷却状况，确保车床、刀具的正常运行及工件的质量，并关闭防护门，以免铁屑、润滑油飞出。

（15）在程序运行中须暂停测量工件尺寸时，要待车床完全停止、主轴停转后方可进行测量，以免发生人身事故。

（16）关机时，要等主轴停转 3 min 后方可关机。

（17）未经许可，禁止打开电气柜。

（18）各手动润滑点，必须按说明书要求润滑。

（19）修改程序的钥匙，在程序调整完后，要立即拔出，以免无意改动程序。

（20）车床若数天不使用，则每隔一天应对 NC 及 CRT 部分通电 2～3 h。

**5. 数控车床的保养要求**

数控车床各部分的保养要求如表 1−3 所示。

表 1−3　数控车床各部分的保养要求

| 保养部分 | 内容和要求 |
|---|---|
| 外观部分 | （1）清除各部件切屑、油垢，做到无死角，保持内外清洁，无锈蚀 |
| | （2）擦洗机床表面，下班后，所有的加工面抹上机油防锈 |
| | （3）检查车床内外有无磕碰、拉伤现象 |
| 液压及切削油箱部分 | （1）清洗滤油器 |
| | （2）油管通畅，油窗明亮 |
| | （3）液压站无油垢、灰尘 |
| | （4）切削油箱内加 5～10 cc① 防腐剂（夏天 10 cc，其他季节 5～6 cc） |

① 1 cc = 1 mL。

续表

| 保养部分 | 内容和要求 |
|---|---|
| 车床本体及清屑器 | （1）卸下刀架尾座的挡屑板，清洗挡屑板及尾座 |
| | （2）扫清清屑器上的残余铁屑，每3~6个月（根据工作量大小）卸下清屑器，清扫机床内部 |
| | （3）扫清回转装刀架的全部铁屑 |
| 尾座部分 | （1）每周一次，移动尾座，清理底面、导轨 |
| | （2）每周一次拿下顶尖清理 |
| 润滑部分 | （1）各润滑油管要畅通无阻 |
| | （2）每月用纱布擦拭读带机各部位，每半年对各运转点至少润滑一次 |
| | （3）试验自动加油器的可靠性 |
| | （4）在各润滑点加油，并检查油箱内有无沉淀物 |
| | （5）每周检查滤油器是否干净，若较脏，必须洗净，最长时间不能超过一个月就要清洗一次 |
| 电气部分 | （1）对电机碳刷每年要检查一次（维修电工负责），如果不符合要求，应立即更换 |
| | （2）热交换器每年至少检查清理一次 |
| | （3）电气柜内外清洁，无油垢、灰尘 |
| | （4）检查各接触点，保证各接触点良好，不漏电 |

1.2.1 手机扫一扫，观看以上讲解资源。

## 二、数控车床开机和关机的操作

### 1. 数控车床开机的操作步骤

（1）检查 CNC 和机床外观是否正常。

（2）检查数控车床油箱内油位是否正常。

（3）接通数控车床的总电源。

（4）按下系统启动按钮，系统将进行加载，之后进入初始界面。

（5）旋转急停按钮，解除数控车床的急停状态。接通电源后屏幕显示画面如图 1-25 所示。

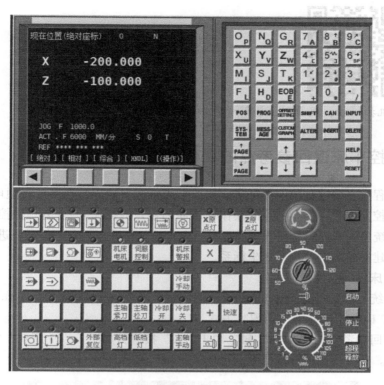

图1-25 接通电源后屏幕显示画面

## 2. 数控车床关机的操作步骤

（1）手动移动回转刀架至行程的中间位置，按下急停按钮。

（2）关闭数控车床操作面板上的电源。关闭电源后的屏幕显示画面如图1-26所示。

（3）关闭数控车床的总电源。

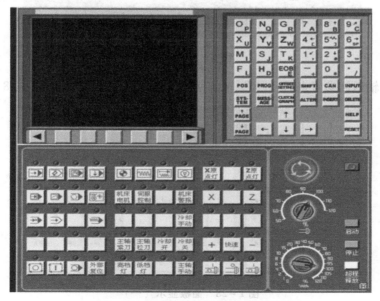

图1-26 关闭电源后的屏幕显示画面

1.2.2 手机扫一扫，观看以上讲解资源。

# 三、数控车床返回参考点的操作

数控车床程序正确运行的前提是建立数控车床坐标系，因此在系统接通电源和复位后，应该先进行数控车床各轴回参考点的操作（也叫回零点的操作）。此外，数控车床断电后再次接通数控系统电源或超行程警报解除以后或急停按钮解除以后，一般需要进行再次回参考点的操作，以建立正确的数控车床坐标系。

**1. 数控车床返回参考点的操作**

（1）若系统显示的当前工作方式不是回零的工作方式，则需要在工作方式区域单击"回零"按键，确保系统处于"回零"方式。

（2）选择回参考点的轴："X"轴，单击"X"按键，如图1-27所示，"X"按键对应的指示灯变亮。选择合适的移动倍率，再单击"+"按键。

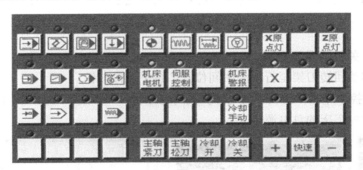

图1-27 面板

（3）"X"轴返回参考点后，"X"轴的回参考点指示灯变亮，如图1-28所示。

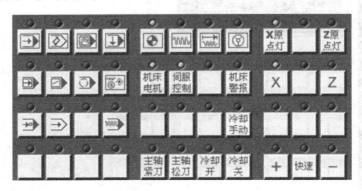

图1-28 面板显示（一）

（4）采用相同的方法，使得"Z"轴也返回到参考点，如图1-29所示。

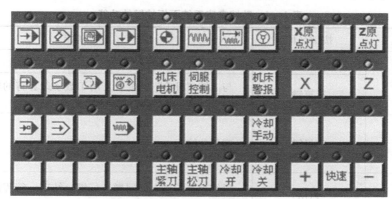

图1-29　面板显示（二）

**2. 数控车床返回参考点的注意事项**

（1）在每次数控车床接通电源之后，必须先完成各轴回参考点的操作，然后再进行其他运行操作，以确保各轴坐标的正确性。

（2）回参考点时要确保安全，注意在数控车床运行方向上不要发生碰撞。数控车床回参考点时应该先回 $X$ 轴参考点，再回 $Z$ 轴参考点，否则刀架可能与尾座发生碰撞。

（3）在回参考点前，应确保回零轴位于"回参考点方向"的相反侧（如 $X$ 轴的回参考点方向为负，则回参考点前，应保证 $X$ 轴当前位置在参考点的正向侧），否则应手动移动该轴直到满足此条件。

1.2.3 手机扫一扫，观看以上讲解资源。

# 四、数控车床系统面板按键功能介绍

数控车床系统面板如图1-30所示。

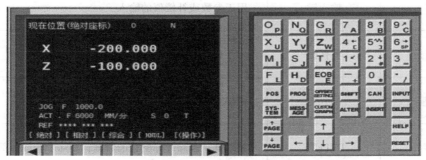

图1-30　数控车床系统面板

数控车床系统面板按键的功能如表1-4所示。

**表1-4 数控车床系统面板按键的功能**

| 按键图 | 按键名称 | 按键功能 |
|---|---|---|
| | 数字键 | 输入数字 |
| | 运算键 | 与上档"Shift"键配合，用于数字运算符的输入，如输入"+""-""×""/""["""]" |
| | 字母键 | 字母的输入 |
| EOB | EOB | 段结束符的插入即回撤换行键。结束一行程序的输入并且换行 |
| POS | POS | 位置显示。位置显示有三种方式，每单击一次，便转换一次页面 |
| PROG | PROG | 在"编辑"方式下编辑、显示存储器中的程序 |
| OFFSET SETTING | OFFSET SETTING | 设定与显示刀具补偿值、工件坐标系和宏程序变量 |
| SYSTEM | SYSTEM | 用于参数的设定、显示，以及自诊断功能数据的显示 |
| MESSAGE | MESSAGE | 用于查看一些数控车床的信息 |
| CUSTOM GRAPH | CUSTOM GRAPH | 用于图形显示或刀具的轨迹路线显示，查看程序的图形是否与设想的一样 |
| SHIFT | SHIFT | 用于数字键和字母键上两种符号的转换 |
| CAN | 删除键 | 用于删除最后一个输入的字符或符号 |
| INPUT | 输入键 | 用于参数或补偿值的输入 |
| ALERT | 替代键 | 用于程序字的替代 |
| INSERT | 插入键 | 把输入域中的数据插入当前光标之后的位置 |
| DELETE | DELETE | 删除键：删除光标所在的数据；删除一个或全部数控程序 |

| 按键图 | 按键名称 | 按键功能 |
|---|---|---|
| ↑ PAGE | PAGE UP | 翻页键，向前翻页 |
| PAGE ↓ | PAGE DOWN | 翻页键，向后翻页 |
| ↑ | 光标移动键 | 光标向上移动 |
| ↓ | 光标移动键 | 光标向下移动 |
| ← | 光标移动键 | 光标向左移动 |
| → | 光标移动键 | 光标向右移动 |
| RESET | 复位键 | 按下此键，就会实现复位 |

1.2.4 手机扫一扫，观看以上讲解资源。

## 五、数控车床操作面板按键功能介绍

数控车床操作面板如图 1 –31 所示。

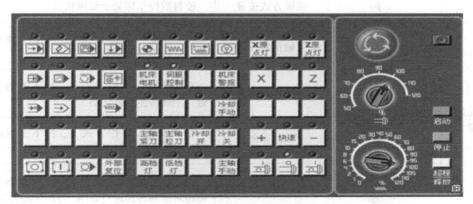

图 1 –31　数控车床操作面板

数控车床操作面板的按键共分为七部分，分别为电源开关按键、紧急停止按钮、循环功能按键、工作方式选择按键、主轴和进给功能按键、数据保护旋钮以及其他指令按键。数控车床操作面板按键功能如表 1 – 5 所示。

表 1 – 5　数控车床操作面板按键功能

| 按键类别 | 按键图 | 按键名称 | 按键功能 |
| --- | --- | --- | --- |
| 电源开关按键 | | 启动按键 | 向机床 CNC 部分供电 |
| | | 停止按键 | 切断向机床 CNC 部分的供电 |
| 紧急停止按钮 | | 紧急停止按钮 | 使得机床及 CNC 装置立即处于急停状态，若要消除急停状态，一般情况下可顺时针转动急停按钮，使按钮向上弹起，并按下复位键 RESET |
| 循环功能按键 | | 循环启动按键 | 在自动运行状态下按下该键，机床自动运行程序 |
| | | 进给保持按键 | 在车床循环启动状态下，按下该键，程序运行及刀具运动将处于暂停状态，其他功能如主轴转速、冷却等保持不变。再次按下循环启动按键，车床重新进入自动运行状态 |
| 工作方式选择按键 | | 回零方式按键 | 使得数控车床处于回零状态 |
| | | 手摇方式按键 | 使得数控车床处于手摇状态 |
| | | 手动方式按键 | 使得数控车床处于手动状态 |
| | | 自动方式按键 | 使得数控车床处于自动状态 |
| | | MDI 方式按键 | 使得数控车床处于 MDI 状态 |
| | | 编辑方式按键 | 使得数控车床处于编辑状态 |
| 主轴功能按键 | | 主轴正转按键 | 在"手动"工作方式下，按下主轴正转按键，主轴将顺时针转动 |
| | | 主轴反转按键 | 在"手动"工作方式下，按下主轴反转按键，主轴将逆时针转动 |
| | | 主轴停止按键 | 在"手动"工作方式下，按下主轴停止按键，主轴将停止转动 |
| | | 主轴倍率调整旋钮 | 在主轴旋转过程中，可以通过主轴倍率调整旋钮对主轴转速进行 50% ~120% 的无级调速 |

| 按键类别 | 按键图 | 按键名称 | 按键功能 |
|---|---|---|---|
| 进给功能按键 |  | 进给调整旋钮 | 在程序执行过程中，也可对程序中指定的转速进行调节 |
| 数据保护旋钮 | O机床锁住I | 数据保护旋钮 | 当数据保护旋钮处于"1"位置时，即使在"编辑"状态下也不能对 NC 程序进行编辑操作。只有当数据保护旋钮处于"0"位置，并在"编辑"状态时，才能对 NC 程序进行编辑操作 |
| 其他指令按键 | ➝▸ | 单段按键 | 每按下一次循环启动按键，机床将执行一段程序后暂停。再次按下循环启动按键，则机床再执行一段程序后暂停 |
| | ▯▸ | 单段忽略按键 | 取消单段程序的运行 |
| | ➝ | 机床锁住按键 | 在自动运行过程中，刀具的移动功能将被限制执行，主要用于检查程序是否编制正确 |
| | ∿▸ | 试运行按键 | 在自动运行过程中刀具按参数指定的速度快速运行，主要用于检查刀具的运行轨迹是否正确 |

1.2.5 手机扫一扫，观看以上讲解资源。

## 六、数控车床的工作方式

数控车床的工作方式共有六种，分别为回零方式、手动方式、手摇方式、MDI 方式、编辑方式以及自动方式。

**1. 数控车床回零方式的介绍**

在回零状态下，可以执行的操作只有回零点（参考点）动作。当回零点指令执行完成后，对应 $X$ 轴回零和 $Z$ 轴回零的指示灯变亮，如图 1 − 32 所示。

**2. 数控车床手动方式的介绍**

手动方式分为手动连续控制和手动点动控制，单击就是点动控制，长按就是连续控制。手动连续进给有两种形式，即手动切削连续进给和手动快速连续进给。

（1）手动切削连续进给。手动切削连续进给如图 1 − 33 所示，需要将方式调到手动，按下"Z"按键，再按住移动方向，就可以进行手动移动。

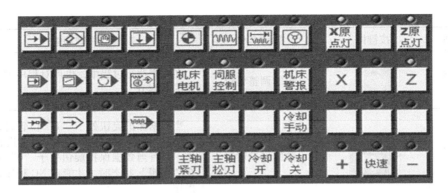

图1-32　数控车床回零方式

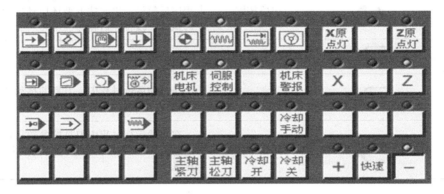

图1-33　手动切削连续进给

（2）手动快速连续进给。手动快速连续进给如图1-34所示，需要将方式调到手动，按下"Z"按钮和"快速"按钮，再按住移动方向，就可以进行手动快速移动。

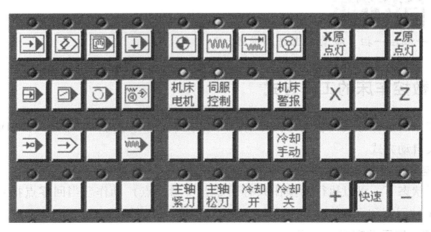

图1-34　手动快速连续进给

### 3. 数控车床手摇方式的介绍

手摇即手轮进给操作，在手轮进给方式中，旋转机床上的手摇脉冲发生器可以使刀具进行增量移动。如图1-35所示，手摇脉冲发生器每旋转一个刻度，刀具的移动量与增量进给的移动量相同。

### 4. 数控车床 MDI 方式的介绍

MDI 即手动数据输入，在此状态下，可以输入单一的命令或几段命令，同时立即按下循环启动按键使机床动作，以满足工作需要。该程序不会存储到数控车床内。例如，开机后指定转速"M03 S500;"的输入，如图 1-36 所示。

图 1-35　手轮

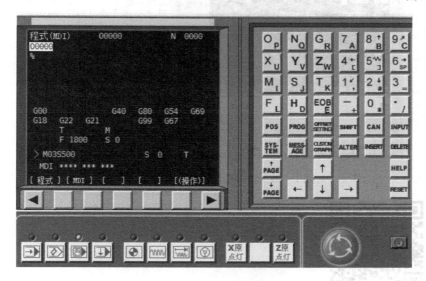

图 1-36　手动数据输入

### 5. 数控车床编辑方式的介绍

按下"编辑"按键，使得数控车床处于编辑状态，可以对存储在内存中的程序数据进行编辑操作，从而将相应的程序输入数控车床内。在编辑状态下，程序可以保存到数控车床内，图 1-37 所示为数控车床编辑方式操作界面。

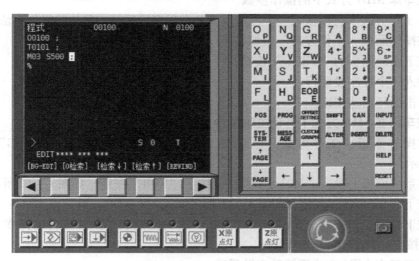

图 1-37　数控车床编辑方式操作界面

**6. 数控车床自动方式的介绍**

数控车床自动方式是进行自动加工的工作方式，在这种方式下，可执行在编辑方式输入数控车床的程序，从而将毛坯加工成零件图上的形状。数控车床在自动方式下的加工界面如图 1 - 38 所示。

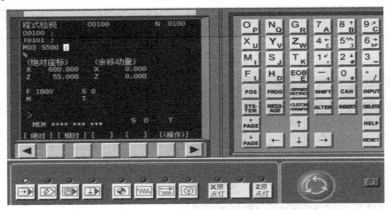

图 1 - 38　数控车床自动方式加工界面

1.2.6 手机扫一扫，观看以上讲解资源。

## 七、数控车床 MDI 方式下的操作

**1. 数控车床 MDI 方式下的操作步骤**

在 MDI 工作方式下可以输入一个程序段或几个程序段运行，具体的操作方法如下：

（1）在操作面板"工作方式"区域按下"MDI"按键；

（2）按下系统面板的"PROG"按键；

（3）输入一个程序段运行；

（4）单击循环启动按键。

**2. 数控车床在 MDI 方式下开动主轴正转**

（1）在操作面板"工作方式"区域按下"MDI"按键，再按下"PROG"按键，如图 1 - 39 所示。

（2）在系统面板上输入"M03 S1000;"，按下"EOB"按键，如图 1 - 40 所示。

（3）按下"INSERT"按键，如图 1 - 41 所示。

（4）按下循环启动按键，如图 1 - 42 所示，这时便完成了主轴正转的操作。要使主轴停转，直接按下"RESET"按键即可。

**3. 数控车床在 MDI 方式下开动主轴反转**

（1）在操作面板"工作方式"区域按下"MDI"按键，再按下"PROG"按键，如

图 1 – 43 所示。

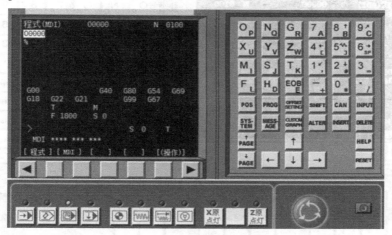

**图 1 – 39 MDI 方式**

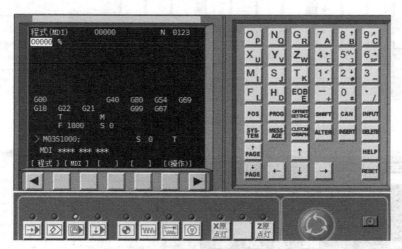

**图 1 – 40 系统面板显示**

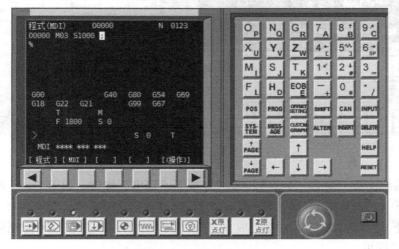

**图 1 – 41 按下"INSERT"按键**

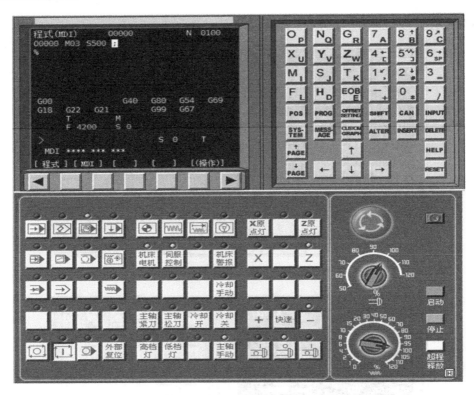

图 1 – 42　按下循环启动按键面板显示

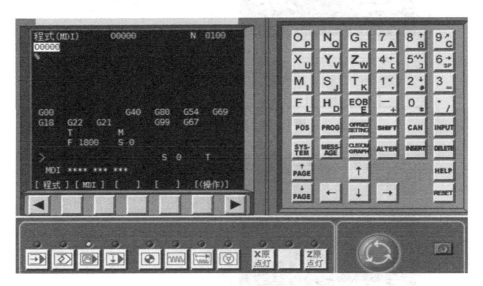

图 1 – 43　在 MDI 方式下开动主轴反转

（2）在系统面板上输入"M05 S1000;"，按下"EOB"按键，如图 1 – 44 所示。

（3）按下"INSERT"按键，如图 1 – 45 所示。

（4）按下循环启动按键，则完成了主轴反转的操作。要使主轴停转，直接按下"RESET"按键即可。

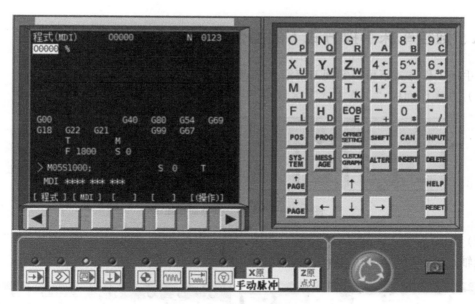

图 1-44 面板显示（一）

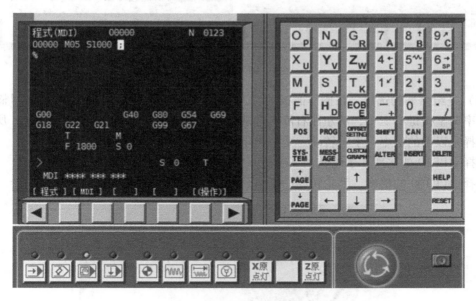

图 1-45 面板显示（二）

1.2.7 手机扫一扫，观看以上讲解资源。

## 八、数控车床手摇方式下的操作

在手摇工作方式下可以实现刀架沿 $X$ 轴或 $Z$ 轴的连续控制，具体操作如下：

（1）在操作面板"工作方式"区域按下"手摇"按键，如图 1-46 所示。

**图 1-46 "手摇"按键面板显示**

（2）轴的选择。单击"X"按键，选择 $X$ 轴，进行 $X$ 轴方向的移动；单击"Z"按键，选择 $Z$ 轴，进行 $Z$ 轴方向的移动，如图 1-47 所示。

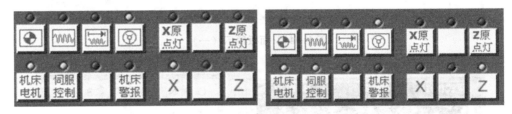

**图 1-47 轴的选择**

（3）进给倍率的选择。在操作面板的"速度变化"区域，最上方是进给倍率调整按键，进给倍率调整按键有三个，从左往右依次是乘以 1、乘以 10、乘以 100，如图 1-48 所示。

选择乘以 1 的倍率，手轮转动一个格，坐标轴移动 0.001 mm。

选择乘以 10 的倍率，手轮转动一个格，坐标轴移动 0.01 mm。

选择乘以 100 的倍率，手轮转动一个格，坐标轴移动 0.1 mm。

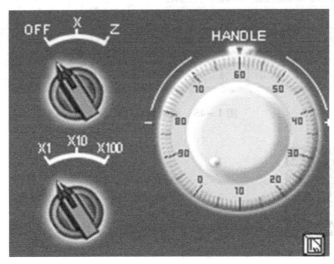

**图 1-48 进给倍率的选择**

　　（4）手轮操作，逆时针转动手轮是控制刀架向坐标轴负方向移动，顺时针转动手轮是控制刀架向坐标轴正方向移动。

1.2.8 手机扫一扫，观看以上讲解资源。

# 九、数控车床手动方式下的操作

### 1. 手动方式下的操作步骤

（1）在操作面板"工作方式"区域按下"手动"按键，如图1－49所示。

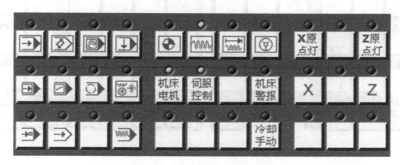

图1－49　操作面板"工作方式"区域按下"手动"按键

　　（2）在操作面板"轴/位置"区域，按下"Z"按键，再按"－"按键，可控制刀架向Z轴负方向运动，可单击一下进行点动控制，也可长按实现连续控制；若按下"＋"按键，则控制刀架向Z轴正方向运动，如图1－50所示。

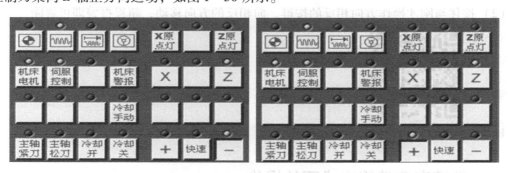

图1－50　操作面板"轴/位置"区域（一）

　　（3）同样的操作方法，按下"X"按键，再按下"－"按键，可控制刀架向X轴负方向运动，可单击一下进行点动控制，也可长按实现连续控制；若按下"＋"按键，则控制刀架向X轴正方向运动，如图1－51所示。

　　（4）中间的波浪形按键是快速按键，先按下"Z"按键，若同时按下"快速"键和

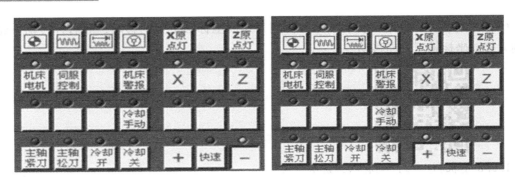

图 1 – 51　操作面板 "轴/位置" 区域（二）

"－" 按键，可控制 Z 轴沿负方向快速运动；若同时按下快速键和 "＋" 按键，可控制 Z 轴沿正方向快速运动，如图 1 – 52 所示。

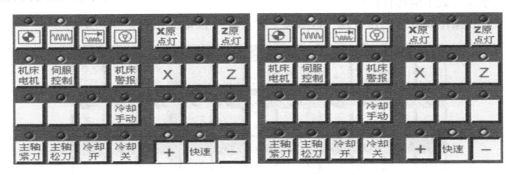

图 1 – 52　操作面板 "轴/位置" 区域（三）

**2. 手动方式下警报的解决方法**

在手动工作方式操作过程中，经常会出现超行程的报警，这时应该解除超程报警，具体操作步骤如下：

（1）单击 "复位" 按键；

（2）按住与刚才操作方向相反的按键，向相反的方向移动，超程报警即可解除。

1.2.9 手机扫一扫，观看以上讲解资源。

# 十、数控车床编辑方式下的操作

数控车床编辑方式下的操作共包含三方面的内容：一是程序编辑操作，即整个程序的编辑；二是程序段操作，即程序段的编辑；三是程序字操作，即程序字的编辑。

**1. 程序编辑操作**

（1）建立一个新程序。

①选择编辑工作方式；

②按下"PROG"按键；

③输入地址O，输入程序号（如"O0123"），按下"EOB"键；

④按下"INSERT"键即可完成新程序"O0123"的插入，建立新程序后的显示画面如图1-53所示（建立新程序时，要注意建立的程序号应为内存储器没有的新程序号）。

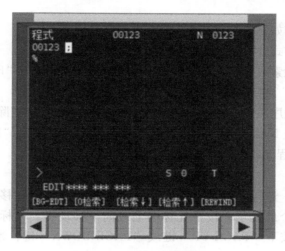

图1-53　程序编辑操作

（2）调用内存中储存的程序。

①选择编辑工作方式；

②按下"PROG"按键，输入地址O，然后输入要调用的程序号，如"O0123"；

③按向下移动键即可完成程序"O0123"的调用，如图1-54所示。

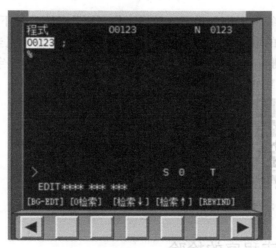

图1-54　调用内存中储存的程序

（3）删除程序。

①选择编辑工作方式；

②按下"PROG"按键，输入地址O，然后输入要删除的程序号，如"O0123"；

③按下"DELETE"键即可完成单个程序"O0123"的删除。

如果要删除内存储器中的所有程序，只要在输入"O～9999"后按下"DELETE"键即可删除内存储器中的所有程序。如果要删除指定范围内的程序，只要在输入"OAAAA，OBBBB"后按下"DELETE"键即可将内存储器中"OAAAA～OBBBB"范围内的所有程序删除。

**2. 程序段编辑**

删除程序段的操作如下：

①选择编辑工作方式；

②用光标移动键检索或扫描到将要删除的程序段地址 N，按下"EOB"键；

③按下"DELETE"键，将当前光标所在的程序段删除。

如果要删除多个程序段，则用光标移动键检索或扫描到将要删除的程序段开始地址 N（如 N0010），输入地址 N 和最后一个程序段号（如 N1000），按下"DELETE"键，即可将 N0010～N1000 的所有程序段删除。

**3. 程序字编辑**

（1）扫描程序字。选择编辑工作方式，按下光标向左或向右移动键，光标将在屏幕上向左或向右移动一个地址字；按下光标向上或向下移动键，光标将移动到上一个或下一个程序段的开头；按下"PAGE UP"键或"PAGE DOWN"键，光标将向前或向后翻页显示。

（2）跳到程序开头。在编辑工作方式下，按下"RESET"键即可使光标跳到程序开头。

（3）插入一个程序字。在编辑工作方式下，扫描到要插入位置前的字，输入要插入的地址字和数据，按下"INSERT"键。

（4）字的替换。在编辑工作方式下，扫描到将要替换的字，输入要替换的地址字和数据，按下"ALTER"键。

（5）字的删除。在编辑工作方式下，扫描到将要删除的字，按下"DELETE"键。

（6）输入过程中字的取消。在程序字符的输入过程中，若发现当前字符输入错误，则按下"CAN"键，即可删除当前输入的字符。程序、程序段和程序字的输入与编辑过程中出现的报警，可通过按 MDI 功能键"RESET"来消除。

1.2.10 手机扫一扫，观看以上讲解资源。

# 十一、数控车床程序的检验

程序输入完成之后，可以通过图形模拟检查功能检验程序是否正确，同时检查程序的走刀路线是否正确，对检查中发现的程序指令错误、坐标值错误、几何图形错误等必须进行修改，直到加工程序完全正确后才能进行加工操作。

**1. 图形模拟的操作步骤**

（1）在编辑工作方式下输入一个程序，输入 M30 程序结束指令之后，按"RESET"按键，使程序跳转到程序头，如图 1 – 55 所示。

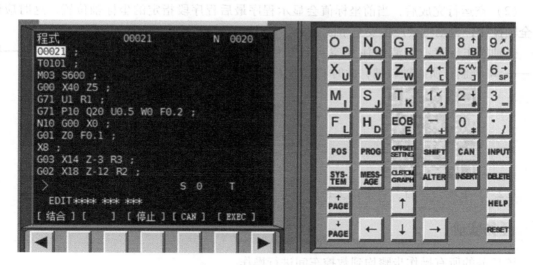

图 1 – 55 图形模拟的操作

（2）进入自动工作方式，同时按下锁住和空运行按键，如图 1 – 56 所示。

（3）按下控制面板上的"CUSTOMS GRAPH"按键，在 CRT 面板按下对应的"图形"按键，显示图形图像功能，如图 1 – 57 所示。

图 1 – 56 按下锁住和空运行按键

图 1 – 57 按下控制面板上的"CUSTOMS GRAPH"按键

（4）关闭数控车床的防护门。

（5）按下"循环启动"按键，模拟走刀路线。

**2. 数控车床程序检验的注意事项**

（1）在图形仿真时，主轴会执行转动指令，刀架会执行换刀动作指令，冷却液也会执行开关动作，但刀架不会产生移动，因此一定要装夹好工件和刀具，关好防护门。

（2）空运行完成后，当前坐标值会显示程序最后程序段指定的坐标轴位置，这时应进行全轴操作，否则将会产生安全事故。

全轴操作步骤：取消锁住和空运行功能后，依次按"POS"按键和绝对坐标——操作—— W 预制、所有轴软键，此时 CRT 面板坐标和实际坐标即可恢复一致。

1.2.11 手机扫一扫，观看以上讲解资源。

## 🔄 任务实施

该任务的所有操作步骤均到数控车间进行操作。

## 🔄 能力测评

**一、判断题**

1. 在操作时，只要穿好工作服即可，不需要佩戴防护镜。　　　　　　　　　　（　　）

2. 在数控车间不允许穿拖鞋、高跟鞋、凉鞋。　　　　　　　　　　　　　　（　　）

3. 在操作时，为了防止手脏，可以戴手套。　　　　　　　　　　　　　　　（　　）

4. 在数控车间内不允许打闹嬉戏。　　　　　　　　　　　　　　　　　　　（　　）

5. 数控车床开机的第一个步骤是按下系统启动按键。　　　　　　　　　　　（　　）

6. 数控车床有六种工作方式。　　　　　　　　　　　　　　　　　　　　　（　　）

7. 数控车床返回参考点时应该先回 $X$ 轴，再回 $Z$ 轴。　　　　　　　　　　（　　）

8. 车间内遵守岗位责任制，机床由专人使用，他人使用须经本人同意。　　　（　　）

9. 数控车床加工时不必关闭防护门。　　　　　　　　　　　　　　　　　　（　　）

**二、选择题**

1. 工件伸出车床（　　）以外时，须在伸出位置设防护物。

A. 100 mm 　　　　　 B. 50 mm 　　　　　 C. 150 mm 　　　　　 D. 200 mm

2. 车床若数天不使用，每隔一天应对 NC 及 CRT 部分通电（　　）h。

A. 2 ~ 3 　　　　　 B. 1 ~ 2 　　　　　 C. 3 ~ 4 　　　　　 D. 0 ~ 1

3. 下面哪个要求不是外观部分的保养要求（　　）。

A. 清除各部件切屑、油垢，做到无死角，保持内外清洁，无锈蚀

B. 擦洗车床表面，下班后，所有的加工面抹上机油防锈

C. 油管通畅，油窗明亮

D. 检查车床内外有无磕碰、拉伤现象

4.（　　）是"CAN"按键的功能。

A. 用于删除最后一个输入的字符或符号

B. 用于参数或补偿值的输入

C. 程序字的替代

D. 把输入域中的数据插入当前光标之后的位置

5.（　　）是复位键。

A. RESET
B. DELETE
C. CAN
D. SHIFT

6.（　　）不是数控车床编辑方式下的三大操作内容。

A. 程序编辑操作
B. 程序段的操作

C. 程序字的操作
D. 调用内存中储存的程序

7.（　　）是单段按键。

A.　　B.　　C.　　D.

8.（　　）是空运行按键。

A.　　B.　　C.　　D.

9. 数控车床检验程序步骤中的第四步是（　　）。

A. 按下"循环启动"按键，模拟走刀路线

B. 关闭数控车床的防护门

C. 按下控制面板上的"CUSTOMS GRAPH"按键，在CRT面板按下对应的"图形"按键，显示图形图像功能

D. 进入自动工作方式，同时按下"锁住"和"空运行"按键

三、问答题

1. 数控车床完成工作后的注意事项有哪些？

2. 简述数控车床的开机步骤。

3. 简述数控车床返回参考点的操作。

4. 数控车床有几种工作方式？分别是什么？

5. 简述数控车床MDI方式下的操作步骤。

6. 简述数控车床手动方式下的操作步骤。

7. 数控车床编辑方式下程序字的操作有哪些？

8. 简述数控车床手摇方式下的操作步骤。

9. 简述数控车床程序检验的操作步骤。

# 任务三　数控车床编程准备

## 任务目标

**1. 知识目标**

（1）理解数控车床的坐标系；

（2）了解数控车床的编程内容与方法；

（3）掌握数控编程格式；

（4）熟练掌握常用的编程指令。

**2. 能力目标**

（1）能正确建立零件的坐标系；

（2）能利用正确的编程指令进行编程。

## 任务描述

能够读懂透气帽零件的程序，并了解各指令的使用方法。

## 任务支持

## 一、数控车床的坐标系

为了便于编程时描述车床的运动，并进行正确的数值计算，需要明确数控车床的坐标轴和运动方向。ISO 841 制定了关于《数控机床坐标和运动方向的命名》的国际标准，1999 年我国也相应制定了等效于 ISO 841 的标准 JB/T 3051—1999。

### （一）坐标系、工件坐标系和编程坐标系

**1. 机床坐标系**

机床坐标系是机床上固有的坐标系，并设有固定的坐标原点，即机床原点，又称机械原点。这个点是由生产厂家确定的，机床一旦被制造出来，这个原点就被确定下来，不能改变。这个点一般在主轴前端面的中心上，如图 1–58 所示。

**2. 机床参考点**

数控装置上电时并不知道机床原点的位置，为了正确地在机床工作时建立机床坐标系，通常在每个坐标轴的移动范围内设置一个机床参考点（测量起点）。

为了建立正确的机床坐标系，许多数控机床都设有机床参考点。它是机床上的一个基准点，是具有增量位置测量系统的数控机床必须具有的；其固定位置是以硬件方式用固定的机械挡块或限位开关来确定的；该点与机床原点的相对位置是固定的；机床出厂之前由机床制造商精密测量确定，用户不得改变；机床每次通电后通常都要手动或自动回参考点，以建立

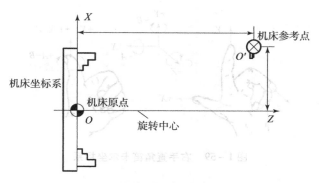

**图 1 – 58　机床坐标系**

机床坐标系。

机床参考点可以与机床原点重合，也可以不重合，通过参数指定机床参考点到机床原点的距离。当机床回到了参考点位置，也就知道了该坐标轴的原点位置。找到所有的标准的参考点，数控系统就可以建立机床坐标系。数控机床开机时必须先确定机床原点，而确定机床原点的运动就是刀架返回参考点的操作，所以确定参考点就可以确定机床原点。只有机床参考点被确认后，刀具的移动才有基准。

**3. 工件坐标系**

工件坐标系是指以确定的加工原点为基准所建立的坐标系。

加工原点也称为程序原点，是指零件被装夹好之后，相应的编程原点在机床坐标系中的位置。

工件坐标系一旦建立便一直有效，直到被新的工件坐标系所取代。工件坐标系的程序原点是人为设定的，选择时要尽量满足编程简单、尺寸换算少，以及引起的加工误差小等条件。一般情况下，程序原点应选在尺寸标注的基准或定位基准上。对车床编程而言，工件坐标系程序原点一般选择工件轴线与工件的左端面或右端面的交点。

**4. 编程坐标系**

编程坐标系是编程人员根据零件图样及加工工艺等建立的坐标系。编程原点是根据加工零件图样及加工工艺要求选定的编程坐标系的原点。

## （二）坐标系的确定原则

（1）刀具相对于静止的工件而运动的原则，即永远假定刀具相对于静止的工件坐标系而运动。这一原则可以使编程人员在不知道刀具运动还是静止的情况下确定加工工艺，只要依据图样就可以进行程序编制。

（2）标准机床坐标系的规定。标准机床坐标系是一个右手直角笛卡尔坐标系，如图 1 – 59 所示。

右手直角笛卡尔坐标系的内容是：伸出右手的大拇指、食指和中指，并互为 90°，则大拇指代表 $X$ 轴，食指代表 $Y$ 轴，中指代表 $Z$ 轴。大拇指的指向为 $X$ 轴的正方向，食指的指向为 $Y$ 轴的正方向，中指的指向为 $Z$ 轴的正方向。

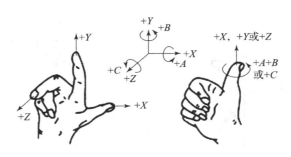

图 1-59  右手直角笛卡尔坐标系

### （三）运动方向的确定原则

数控车床规定，刀具远离工件的运动方向为坐标的正方向；Z 轴的正方向是增加刀具与工件之间距离的方向；X 轴以刀具离开工件回转中心的方向为正方向；ABC 为相应的表示其轴线平行于 X、Y、Z 轴的旋转运动。

1.3.1 手机扫一扫，观看以上讲解资源。

## 二、数控编程的内容和方法

### （一）数控编程的内容和步骤

在普通车床上加工零件时，所有动作都是由数控人员按工艺人员指定的零件加工工艺规程手动操作的，而在数控车床上加工零件时，数控车床的动作是由数控程序来控制的。程序编制的好坏直接影响零件加工的质量、生产效率和刀具寿命。因此，编制数控加工程序是使用数控车床的一项重要的技术工作。

一般来讲，数控编程过程主要包括分析零件图样、工艺处理、数值计算、编写加工程序单、制作控制介质、程序校验与首件试切。

数控编程的具体步骤与要求如下。

**1. 分析零件图**

先分析零件的材料、形状、尺寸、精度、批量、毛坯形状和热处理要求等，以便确定该零件是否适合在数控机床上加工，或适合在哪种数控机床上加工，同时要明确加工的内容和要求。

**2. 工艺处理**

在分析零件图的基础上进行工艺分析，确定零件的加工方法（如采用的工夹具、装夹定位方法等）、加工路线（如对刀点、换刀点、进给路线）及切削用量（如主轴转速、进给速度和背吃刀量等）等工艺参数，数控加工工艺分析与处理是数控编程的前提和依据，而数控编程就是将数控加工工艺内容程序化。制定数控加工工艺时，要选择合理的加工方案，确定加工顺序、加工路线、装夹方式、刀具及切削参数等；同时还要考虑所用数控机床的指令功能，充分发挥机床的效能；尽可能缩短加工路线，正确选择对刀点、换刀点，减少换刀次数，并使数值计算方便；合理选取起刀点、切入点和切入方式，保证切入过程平稳；避免刀具与非加工面的干涉，保证加工过程安全可靠等。

**3. 数值计算**

根据零件图的几何尺寸、确定的工艺路线及设定的坐标系，计算零件粗、精加工运动的轨迹，得到刀位数据。对于形状比较简单的零件（如由直线和圆弧组成的零件）轮廓的加工，要计算出几何元素的起点、终点、圆弧的圆心、两几何元素的交点或切点的坐标值，如果数控装置无刀具补偿功能，还要计算刀具中心的运动轨迹坐标值。对于形状比较复杂的零件（如由非圆曲线、曲面组成的零件），需要用直线段或圆弧段逼近，根据加工精度的要求计算出节点坐标值，这种数值计算一般要由计算机完成。

**4. 编写加工程序单**

根据加工路线、切削用量、刀具号码、刀具补偿量、机床辅助动作及刀具运动轨迹，按照数控系统使用的指令代码和程序段的格式编写零件加工的程序单，并校核上述两个步骤的内容，纠正其中的错误。

**5. 制作控制介质**

把编制好的程序单上的内容记录在控制介质上，作为数控装置的输入信息，通过程序的手工输入或通信传输送入数控系统。

**6. 程序校验与首件试切**

编写的程序单和制备好的控制介质，必须经过校验和试切才能正式使用。校验的方法是直接将控制介质上的内容输入数控系统中，让机床空转，以检查机床的运动轨迹是否正确。在有 CRT 图形显示的数控机床上，用模拟刀具与工件切削过程的方法更为方便，但这些方法只能检验运动是否正确，不能检验被加工零件的加工精度。因此，要进行零件的首件试切。当发现有加工误差时，分析误差产生的原因，找出问题所在，并加以修正，直至达到零件图纸的要求。

## （二）数控编程的方法

数控加工程序的编制方法主要有两种，即手工编程和自动编程。

**1. 手工编程**

手工编程是指在数控编程的过程中，全部或主要部分由人工进行。手工编程的过程如图 1-60 所示。

对于加工形状简单、计算量小、程序不多的零件，采用手工编程比较简单、经济，且效率高。但手工编程耗费时间较长，容易出现错误，无法胜任复杂形状零件的编程。国外资料统计显示，当采用手工编程时，一段程序的编写时间与其在机床上运行加工的实际时间之比平均约为 30∶1，而数控机床不能开动的原因中有 20% ~30% 是加工程序编制困难、编程时间较长。

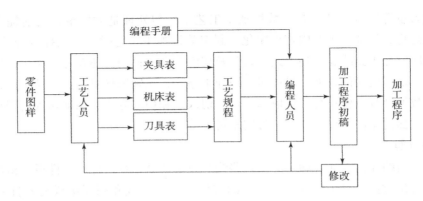

图 1-60　手工编程的过程

**2. 自动编程**

自动编程是利用计算机专用软件来编制数控加工程序。其优点是：编程效率高，程序正确性好。自动编程是由计算机代替人完成复杂的坐标计算和书写程序单的工作，它可以解决许多手工编制无法完成的复杂零件的编程难题。其缺点是：必须具备自动编程系统或编程软件。

自动编程的方法主要有以下四种：

1）APT 语言

为了解决数控加工中的程序编制问题，20 世纪 50 年代，MIT 设计了一种专门用于编制机械零件数控加工程序的语言，称为 APT（Automatically Programmed Tool）。APT 是编程人员根据零件图纸要求，用一种直观易懂的编程语言（包括几何、工艺等语句定义）手工编写一个简短的零件源程序，然后输入计算机，计算机经过翻译处理和刀具运动轨迹处理，再经过后置处理，自动生成数控系统可以识别的加工程序。由此可见，APT 语言不能直接控制机床。APT 几经发展，形成了诸如 APTII、APTIII（立体切削用）、APT（算法改进，增加多坐标曲面加工编程功能）、APTAC（Advanced contouring）（增加切削数据库管理系统）和 APT/SS（Sculptured Surface）（增加雕塑曲面加工编程功能）等先进版本。

APT 语言编制数控程序不仅具有程序简练、走刀控制灵活等优点，也可以使数控加工编程从面向机床指令的"汇编语言"级上升到面向几何元素。但 APT 仍有许多不便之处：采用语言定义零件，难以描述复杂的几何形状，缺乏几何直观性；缺少对零件形状、刀具运动轨迹的直观图形显示和刀具轨迹的验证手段；难以与 CAD 数据库和 CAPP 系统有效连接；不容易做到高度的自动化、集成化；等等。

2）CAD/CAM 软件

针对 APT 语言的缺点，1978 年，法国达索飞机公司开始开发集三维设计、分析、NC 加工于一体的系统，称为 CATIA。随后很快出现了 EUCLID、UGII、INTERGRAPH、Pro/Engineering、MasterCAM 及 NPU/GNCP 等系统，这些系统都有效地解决了几何造型、零件几何形状的显示，交互设计、修改及刀具轨迹生成，走刀过程的仿真显示、验证等问题，推动了 CAD 和 CAM 向一体化方向发展。

采用人机交互功能的计算机图形显示器，在图形显示系统软件和图像编程应用软件的支持下，只要给出一些必要的工艺参数，发出相应的命令或"指点"菜单，然后根据应用软件提示的操作步骤，实时"指点"被加工零件的图形元素，就能得到零件各轮廓点的位置坐标值，并立即在图像显示屏上显示出刀具加工轨迹，再连接适当的后置处理程序，就能输出数控加工程序单。这种编程方法称为计算机图像数控编程（Computer Graphics Aided NC Programming），简称图像编程。

图像编程是目前主要的自动编程方式，国内外图形交互自动编程的软件很多，流行的集成 CAD/CAM（Computer Aided Design/Computer Aided Manufacturing）系统大多具有图形自动编程功能。目前市面上流行的几种主要的 CAD/CAM 系统软件如下：

（1）Pro/Engineer（简称 Pro-E）软件。Pro-E 是美国 PTC 公司开发的机械设计自动化软件，也是最早实现参数化技术商品化的软件，在全球拥有广泛影响，也是我国使用最为广泛的 CAD/CAM 软件之一。

（2）UG 软件。UG 是美国 EDS 公司的产品，多年来，该软件汇集了美国航空航天以及汽车工业丰富的设计经验，已发展成为一个世界一流的集成化 CAD/CAE/CAM 系统，在我国和世界上都占有重要的市场份额。

（3）Solidworks 软件。Solidworks 公司的 CAD/CAM 系统从一开始就是面向微机系统，并基于窗口风格设计的，同时它采用了著名的 Parasolid 作为造型引擎，因此该系统的性能先进，主要功能几乎可以和上述大型 CAD/CAM 系统相媲美。

（4）MasterCAM 软件。MasterCAM 是美国 CNC Software NC 公司研制开发的一套 PC 级套装软件，可以在一般的计算机上运行。它既可以设计和绘制所要加工的零件，也可以产生加工这个零件的数控程序，还可以将 AutoCAD、CADKEY、SolidWorks 等 CAD 软件绘制的图形调入 MasterCAM 中进行数控编程。该软件简单实用。

（5）CATIA 软件。CATIA 是一个全面的 CAD/CAM/CAE/PDM 应用系统，CATIA 具有一个独特的装配草图生成工具，支持欠约束的装配草图绘制以及装配图中各零件之间的连接定义，可以进行快速的概念设计。它不仅支持参数化造型和布尔操作等造型手段，而且支持绘图与数控加工的双向数据关联。CATIA 的外形设计和风格设计为零件设计提供了集成工具，而且该软件具有很强的曲面造型功能，集成开发环境也别具一格，同样，CATIA 也可进行有限元分析。

（6）CAXA。CAXA 电子图板是一套高效、方便、智能化的通用中文设计绘图软件，可帮助设计人员进行零件图、装配图、工艺图表、平面包装的设计，适合所有需要二维绘图的场合，使设计人员可以把精力集中在设计构思上，彻底甩掉图板，满足相关行业的设计要求。CAXA – ME 是一套数控编程和三维加工软件，具有强大的造型功能，可快速建立各种复杂的三维模型，它为数控加工行业提供了从造型、设计到加工代码生成、加工仿真、代码校验等一体化的解决方案。其中，CAXA 注塑模设计（CAXA – IMD）是一套中文注塑模专业 CAD 软件，该软件提供注塑模标准模架和零件库，以及塑料、模具材料和注射机等设计参数数据库，可随时查询、检索，并且能够自动换算型腔尺寸，对模具进行各种计算。如果使用该软件，设计人员不必翻找设计手册即可轻松设计模具。

（7）金银花系统。金银花系统是由广州红地技术有限公司开发的基于 STEP 标准的 CAD/CAM 系统。该系统是 863/CIMS 主题在"九五"期间科技攻关的最新研究成果。它是基于 STEP 标准的 CAD/CAM 系统，主要应用于机械产品的设计和制造中，可以实现设计/制造一体化和自动化。该软件采用面向对象的技术，使用先进的实体建模、参数化特征造型、二维和三维一体化、SDAI 标准数据存取接口等技术；具备机械产品设计、工艺规划设计和数控加工程序自动生成等功能；同时还具有多种标准数据接口，如 STEP、DXF 等；支持产品数据管理（PDM）。目前，金银花系统的系列产品主要包括机械设计平台 MDA、数控编程系统 NCP、产品数据管理 PDS、工艺设计工具 MPP。机械设计平台 MDA 1.7 版已投放市场，MDA 99 版也已发布，目标是向国外三维 CAD 软件发出强有力的挑战。

3）语音编程

语音数控自动编程是利用人的声音作为输入信息，并与计算机和显示器直接对话，令计算机编制出加工程序的一种方法。语音编程系统的构成如图 1-61 所示。编程时，编程人员只需对着话筒讲出所需的指令即可。编程前应先使系统"熟悉"编程人员的"声音"，即首次使用该系统时，编程人员必须对着话筒讲该系统约定的各种词汇和数字，让系统记录下来并转换成计算机可以接受的数字指令。

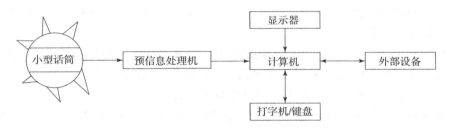

图 1-61　语音编程系统的构成

4）视觉系统编程

视觉系统编程是指采用计算机视觉系统自动阅读、理解图样，由编程人员在编辑过程中实时给定起刀点、下刀点和退刀点，然后自动计算出刀位点的有关坐标值，并经后置处理，最后输出数控加工的程序单。视觉系统编程首先由图样扫描器（常用的 CCD 传感器扫描器和扫描鼓两种）扫描图样，取得一幅图像，对该图像进行预处理是为了校正图像的几何畸变和灰度畸变，并将它转化为易处理的二值图像，同时做断口校正、几何交点部分检测、细线化处理，以消除输入部分分辨率的影响；然后分离并识别图样上的文字、符号、线划等元素，并记忆它们之间的关系，对线划还需要进行矢量化处理，并用直线或曲线拟合，以得到端点和分支点；将这些信息综合处理，确定图样中每条线的意义及其尺寸大小，最后做编辑处理及刀位点坐标计算。然后连接适当的后置处理，就能输出数控加工程序单。视觉系统在编程时不需要零件源程序和编程人员，只要事先输入工艺参数即可，操作简单，能直接与 CAD 的数据相连接，以实现高度自动化。

由于手工编程是其他各种编程方法的基础，故本教材主要讲解手工编程方法。手工编程的方法步骤是：分析工件的零件图及技术要求、确定工艺路线、计算刀具轨迹坐标、用数控代码编程。在进行手工编程之前，首先对数控加工的程序做初步的认识。

1.3.2 手机扫一扫，观看以上讲解资源。

## 三、程序的结构和格式

在普通机床上加工零件时，首先由工艺人员对零件进行工艺分析，制定零件加工的工艺规程，包括机床、刀具、量具、定位夹紧方法及切削用量等工艺参数。同样，在数控机床上加工零件时，也必须对零件进行工艺分析，制定工艺规程，同时要将工艺参数、几何图形数据等，按规定的信息格式记录在介质上，并将此控制介质的信息输入数控机床的数控装置，由数控装置控制机床完成零件的全部加工。

从零件图样到制作数控机床的控制介质并核校的全部过程称为数控加工的程序编制，简称数控编程。

### 1. 程序的结构

零件加工程序是由主程序和可被主程序调用的子程序组成的，其一般有多级嵌套。不论是主程序还是子程序，每个程序都由程序号、程序内容和程序结束三部分组成。

数控车削的编程格式，以数控车床加工图 1 – 62 所示的工件为例，毛坯直径为 50 mm。此程序的构成包括程序名、程序内容和程序结束三大部分。

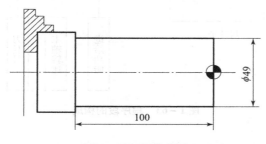

**图 1 – 62　工件实例**

参考程序如下：

```
O0001;
N05 G90 G54 M03 S800;
N10 T0101;
N15 G00 X49 Z2;
N20 G01 Z - 100 F0.1;
N25 X51;
N30 G00 X60 Z150;
N35 M05;
N40 M30;
```

（1）程序名。在数控装置中，程序的记录是由程序号来辨别的，调用某个程序可通过程序号来调出。程序号由 4 位数（0001 ~ 9999）表示，常用的程序号一般由一个英文字母和 1 ~ 4 位正整数组成。例如，O0100、P1001 等。不同的数控系统，程序名所用的符号表示不同。

（2）程序内容。程序内容是整个程序的核心，由若干程序段组成，每个程序段由若干字组成，每个字又由地址码和若干个数字组成，字母、数字符号统称为字符，每个程序段一般占一行。

注释符中分号";"后的内容为注释文字，该文字仅起注释作用，不影响程序的加工运行。

（3）程序结束。以程序结束指令 M02 或 M30 结束整个程序，一般需要单列一行。

**2. 程序段的构成**

下面以一个程序段为例介绍程序段的组成。

例如，N10 G02 X10 Z-5 R5 F0.1 S500 T01 H01 M03；

如图 1-63 所示，N 表示程序段号，G 是准备功能字，X、Z、R 表示尺寸字，F 表示进给功能，S 表示主轴转速，T 表示刀具号，H 表示刀具补偿号，M 表示辅助功能，";"表示程序段结束符。

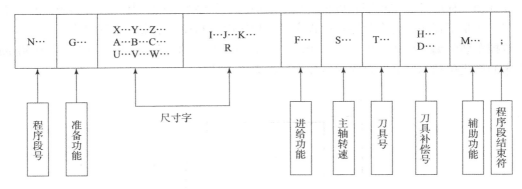

图 1-63　程序段的构成

在数控系统编程过程中，对编程中的问题做如下规定：

（1）上一程序段的终点为下一程序段的起点。

（2）上一程序段中出现的模态值，下一程序段中如果不变可省略，X、Y、Z 坐标如果没有移动可省略。这里所说的模态值，是指地址可变程序段格式中，在上一程序段中写明的，且本程序段又不变化的那些字仍然有效，可以不再重写，这种功能字称为模态值或叫续效字。

（3）程序的执行顺序与程序段号 N 无关，只按程序段书写的先后顺序执行，程序段号可任意排，也可省略。

（4）在同一程序段中，程序的执行与 M、S、T、G、X、Y、Z 的书写无关，按系统自身设定的顺序执行，但一般按一定的顺序书写，即 N、G、X、Y、Z、F、M、S、T。

1.3.3 手机扫一扫，观看以上讲解资源。

## 四、常用编程指令

在普通机床的零件加工工艺卡片上，只规定过程、工步等内容，并不需要对机床上的各个操作做详细的规定。但数控机床在编程时，对机床操作的各个动作，如机床主轴的开和停、换刀、刀具的进给方向、必要的端点停留、测量时间的安排、冷却液的开和关等，都需要用指令的方式进行规定，并编写到程序中。

### 1. 准备功能 G 指令

准备功能 G 指令，用来规定刀具和进给的相对运动轨迹、机床坐标系、坐标平面、刀具补偿、坐标偏置等多种操作。G 指令由字母 G 及其后面的两位数字组成，从 G00 到 G99 共有 100 种代码。表 1 – 6 所示为准备功能 G 代码的定义。

**表 1 – 6　准备功能 G 代码**

| 代码 | 功能 | 代码 | 功能 | 代码 | 功能 |
|---|---|---|---|---|---|
| G00 | 快速定位 | G43 | 刀具长度正向补偿 | G74 | 逆攻丝循环 |
| G01 | 直线插补 | G44 | 刀具长度负向补偿 | G76 | 精镗循环 |
| G02 | 顺圆插补 | G49 | 刀具长度补偿取消 | G80 | 固定循环取消 |
| G03 | 逆圆插补 | G50 | 缩放关 | G81 | 定心钻循环 |
| G04 | 暂停 | G51 | 缩放开 | G82 | 钻孔循环 |
| G07 | 虚轴设定 | G52 | 局部坐标系设定 | G83 | 深孔钻循环 |
| G09 | 准停校验 | G53 | 直接机床坐标系编程 | G84 | 攻丝循环 |
| G17 | *XY* 平面选择 | G54 | 工件坐标系 1 选择 | G85 | 镗孔循环 |
| G18 | *ZX* 平面选择 | G55 | 工件坐标系 2 选择 | G86 | 镗孔循环 |
| G19 | *ZY* 平面选择 | G56 | 工件坐标系 3 选择 | G87 | 反镗循环 |
| G20 | 英寸①输入 | G57 | 工件坐标系 4 选择 | G88 | 镗孔循环 |
| G21 | 毫米输入 | G58 | 工件坐标系 5 选择 | G89 | 镗孔循环 |
| G22 | 脉冲当量 | G59 | 工件坐标系 6 选择 | G90 | 绝对值编程 |
| G24 | 镜像开 | G60 | 单方向定位 | G91 | 增量值编程 |
| G25 | 镜像关 | G61 | 精确停止校验方式 | G92 | 工件坐标系设定 |
| G28 | 返回到参考点 | G64 | 连续方式 | G94 | 每分钟进给 |
| G29 | 由参考点返回 | G65 | 子程序调用 | G95 | 每转进给 |
| G40 | 刀具半径补偿取消 | G68 | 旋转变换 | G98 | 固定循环返回起始点 |
| G41 | 左刀补 | G69 | 旋转取消 | G99 | 固定循环返回到 *R* 点 |
| G42 | 右刀补 | G73 | 深孔钻削循环 | | |

---

① 1 英寸 = 2.54 厘米。

**2. 辅助功能 M 指令**

辅助功能指令，也叫 M 功能，它由字母 M 和两位数字组成，从 M00 到 M99 共 100 种，这可在机床说明书中查到。

M 指令是控制数控机床开、关功能的指令，主要用于完成加工操作时的辅助动作。M 功能有非模态 M 功能和模态 M 功能两种形式。

非模态 M 功能（当段有效代码）：只在书写了该代码的程序段中有效。

模态 M 功能（续效代码）：一组可相互注销的 M 功能，这些功能在被同一组的另一个功能注销前一直有效，如 M02 或 M30、M03、M04、M05 等。模态 M 功能组中包含一个默认功能，系统上电时将被初始化为该功能。

M 功能还可分为前作用 M 功能和后作用 M 功能两类。前作用 M 功能在程序段编制的轴运动之前执行；后作用 M 功能在程序段编制的轴运动之后执行。

M00、M02、M30、M98、M99 用于控制零件程序的走向，是 CNC 内定的辅助功能，不是由机床制造商设计决定的，也就是说，与 PLC 程序无关；其余 M 代码用于机床各种辅助功能的开、关动作，其功能不由 CNC 内定，而是由 PLC 程序指定，所以有可能因机床制造商不同而存在差异（使用时须参考机床使用说明书）。

常用的 M 指令功能及其应用如下：

（1）程序停止指令：M00。执行完包含 M00 的程序段后，机床停止自动运行，此时所有存在的模态信息保持不变，用循环启动命令使自动运行重新开始［对于法那克系统，M00 为程序无条件暂停指令。程序执行到此进给停止，主轴停转。重新启动程序，必须先回到 JOG 状态下，按下"CW"（主轴正转）键启动主轴，接着返回 AUTO 状态，按下"START"键才能启动程序］。

（2）程序计划停止指令：M01。与 M00 类似，执行完包含 M01 的程序段后，机床停止自动运行，只是当机床操作面板上任选停机的开关置"1"时，这个代码才有效。

M00 和 M01 常常用于加工中工件尺寸的检验或排屑。

（3）主轴正转、反转、停止指令：M03、M04、M05。M03、M04 指令可使主轴正、反转，与同段程序其他指令一起开始执行。M05 指令可使主轴在该程序段其他指令执行完成后停转。

格式：M03 S ／M04 S ／M05；

数控机床主轴转向的判断方法是：从尾座向主轴看过去，主轴逆时针转动为正转，顺时针转动为反转。

（4）换刀指令：M06。实现自动换刀，用于具有自动换刀装置的机床，如加工中心、数控车床。

格式：M06 T ；

当数控系统不同时，换刀的编程格式有所不同，具体编程时应参考操作说明书。

（5）程序结束指令：M02 或 M30。M02 为主程序结束指令，执行到此指令，进给停止，主轴停止，冷却液关闭，但程序光标停在程序末尾；M30 为主程序结束指令，功能同 M02，不同之处是，不管 M30 后是否还有其他程序段，光标返回程序头位置。

另外，该指令必须编在最后一个程序段中。

（6）与冷却液有关的指令：M07、M08、M09。M07 为 2 号冷却液或切屑收集器开指令；M08 为 1 号冷却液（液状）开或切屑收集器开指令；M09 为冷却液关闭指令。冷却液的开、关是通过冷却泵的启动与停止来控制的。

**3. F、S、T 指令**

1）进给速度指令：F 指令（mm/min 或 mm/r）

F 指令表示刀具中心运动时的进给速度，由 F 及其后的若干数字组成。数字的单位取决于每个系统所采用的进给速度的指定方法。具体内容见所用机床的编程说明书。

注意事项如下：

（1）当编写程序时，第一次遇到直线（G01）或圆弧（G02/G03）插补指令，必须编写进给率 F，如果没有编写 F 功能，则 CNC 采用 F0。当工作在快速定位（G00）方式时，机床将以通过机床轴参数设定的快速进给率移动，与编写的 F 指令无关。

（2）F 指令为模态指令，实际进给率可以通过 CNC 操作面板上的进给倍率旋钮，在 0 ~ 120% 调整。

2）主轴转速指令：S 指令（r/min）

S 指令表示机床主轴的转速，由 S 及其后的若干数字组成，其表示方法有以下三种：

（1）转速：S 表示主轴转速，单位为 r/min。例如，S1000 表示主轴转速为 1 000 r/min。

（2）线速：在恒线速度状态下，S 表示切削点的线速度，单位为 m/min。例如，S60 表示切削点的线速度恒定为 60 m/min。

3）刀具号指令：T 指令

刀具和刀具参数的选择是数控编程的重要内容，其编程格式因数控系统不同而异，主要格式有以下两种：

（1）采用 T 指令编程。由 T 及其后的数字组成，有 T×× 和 T×××× 两种格式，数字的位数由所用数控系统决定，T 后面的数字用来指定刀具号和刀具补偿号。

例如，T04 表示选择 4 号刀；T0404 表示选择 4 号刀以及 4 号偏置值；T0400 表示选择 4 号刀，但刀具偏置取消。

（2）采用 T、D 指令编程。利用 T 功能选择刀具，利用 D 功能选择相关的刀偏。

在定义这两个参数时，其编程的顺序为 T、D。T 和 D 可以编写在一起，也可以单独编写。例如，T4 D04 表示选择 4 号刀，采用刀具偏置表第 4 号的偏置尺寸；D12 表示仍用 4 号刀，采用刀具偏置表第 12 号的偏置尺寸；T2 表示选择 2 号刀，采用与该刀具相关的刀具偏置尺寸。

1.3.4 手机扫一扫，观看以上讲解资源。

🔋 **任务实施**

在数控车床的系统面板中打开一个程序，识读数控车床面板程序。

## 🔁 能力测评

**一、判断题**

1. 右手直角笛卡尔坐标系规定拇指指向 $Z$ 轴正向，中指指向 $X$ 轴正向。 （　　）

2. 数控机床的参考点是机床上的一个固定点。 （　　）

3. 机床坐标系是可以改变的。 （　　）

4. 右手直角笛卡尔坐标系规定刀具靠近工件的运动方向为坐标的正方向。 （　　）

5. 右手直角笛卡尔坐标系规定工件相对于刀具而运动。 （　　）

6. 手动编程适用于形状比较复杂的零件的编程。 （　　）

7. 程序编制的一般过程是确定工艺路线、计算刀具轨迹的坐标值、编写加工程序、程序输入数控系统、程序检验。 （　　）

8. 数控车床编程有绝对值和增量值编程，使用时不能将它们放在同一程序段。 （　　）

9. 程序结束指令不需要单列一行。 （　　）

10. 程序段的顺序号，根据数控系统的不同，在某些系统中是可以省略的。 （　　）

11. 非模态指令只在本程序段内有效。 （　　）

12. 程序的执行顺序与程序段号有关，程序段号不能任意排。 （　　）

13. 在编程过程中，$X$、$Y$、$Z$ 坐标如果没有移动，则不能省略。 （　　）

14. 车床的进给方式分每分钟进给和每转进给两种，一般可用 G94 和 G95 区分。 
（　　）

15. 一个主程序调用另一个主程序称为主程序嵌套。 （　　）

16. M 代码可以分为模态 M 代码和非模态 M 代码。 （　　）

17. 一个主程序中只能有一个子程序。 （　　）

18. 子程序的编写方式必须是增量方式。 （　　）

**二、选择题**

1. 数控机床开机时一般要进行回参考点操作，其目的是（　　）。

A. 建立工件坐标系 　　　　　　　　 B. 建立机床坐标系

C. 建立局部坐标系 　　　　　　　　 D. 建立相对坐标系

2. 数控机床的标准坐标系是以（　　）来确定的。

A. 右手直角笛卡尔坐标系 　　　　　 B. 绝对坐标系

C. 相对坐标系

3. 辅助功能中表示程序暂停的指令是（　　）。

A. M00 　　　　　 B. M01 　　　　　 C. M02 　　　　　 D. M30

4. 辅助功能中表示程序计划停止的指令是（　　）。

A. M00 　　　　　 B. M01 　　　　　 C. M02 　　　　　 D. M30

5. 辅助功能中与主轴有关的 M 指令是（　　）。

A. M06 　　　　　 B. M09 　　　　　 C. M08 　　　　　 D. M05

# 项目二　轴类零件的数控车削加工

## 任务一　模芯零件的数控编程与加工

### ❷ 任务目标

**1. 知识目标**

（1）掌握快速运动指令 G00 的用法；

（2）掌握直线插补指令 G01 的用法；

（3）掌握内、外径切削循环指令 G90 的使用方法；

（4）掌握模芯零件数控加工工艺的制定方法。

**2. 能力目标**

（1）能够分析零件图纸并设计加工方案，编制台阶轴类零件程序；

（2）能够正确对刀并建立工件坐标系；

（3）能正确输入零件加工程序，并检验程序的正确性；

（4）能够运用数控仿真软件仿真加工模芯零件；

（5）能够使用外径千分尺对工件进行检测。

### ❷ 任务描述

如图 2－1 所示，根据零件图纸，编写模芯零件的数控加工程序，利用数控仿真软件仿真加工，在 CK6150 数控车床上单件小批量加工该零件，最后检测产品质量。

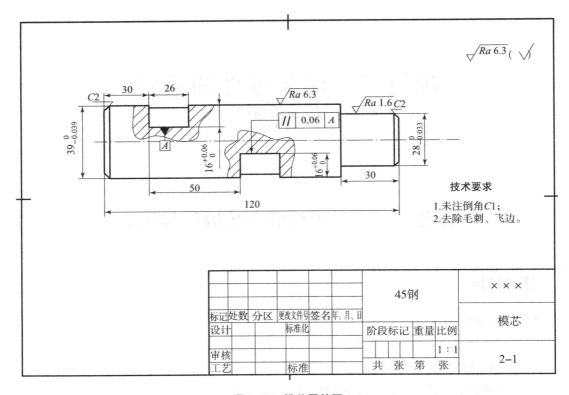

图 2 - 1　模芯零件图

## 📝 任务支持

## 一、编程基础

### （一）快速点定位指令——G00

**1. 指令功能**

（1）使刀架以厂家设定的最大速度按点位控制方式从当前点移动到目标点。

（2）它只是快速到位，其运动轨迹根据控制系统的具体设计可以是多种多样的。

**2. 指令格式**

G00 X(U)＿ Z(W)＿;

（1）X（U）和 Z（W）表示移动终点（即目标点）的坐标，另外，X 坐标值以直径值输入。

（2）当某个方向没有进给时，该方向的坐标可以省略不写。

（3）坐标值可以是绝对坐标或相对坐标（增量形式），也可混合编程。

**3. 举例说明**

**【例 2 - 1】** 如图 2 - 2 所示，刀具轨迹从 $A$ 点（50，25）移动至 $B$ 点（40，0）的程

序为：

G00 X40 Z0；（绝对编程）

或

G00 U-10 W-25；（相对编程）

或

G00 X40 W-25；（混合编程）

或

G00 U-10 Z0；（混合编程）

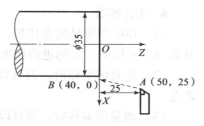

**图2-2 编程实例**

**4. 注意事项**

（1）使用 G00 指令时，刀具的实际运动路线并不一定是直线，因机床的系统而异。

（2）执行 G00 指令时，刀具以生产厂家预先设定的速度从所在点移动到目标点，移动速度不能由 F 指令设定。

（3）X、Z 后面的数值是绝对坐标值；U、W 后面的数值是相对坐标值。

（4）G00 主要运用于加工前的快速点定位及加工后的快速退刀。

（5）G00 为模态指令，只有遇到同组指令（G01、G02、G03）时才会被替代。

2.1.1.1 手机扫一扫，观看以上讲解资源。

## （二）直线插补指令——G01

**1. 指令功能**

G01 指令的功能是使刀架以给定的进给速度从当前点以直线的形式移动至目标点。

**2. 指令格式**

G01 X(U)__ Z(W)__ F__；

（1）X(U) 和 Z(W) 表示移动终点的坐标。

（2）F 表示进给速度。

**3. 举例说明**

【例2-2】 如图2-3所示，刀具轨迹从当前位置 A 点直线插补到 B 点的程序为：

G01 X30 Z-30 F0.2；（绝对编程）

或

G01 U0 W-30 F0.2；（相对编程）

或

G01 X30 W-30 F0.2；（混合编程）

或

G01 U0 Z-30 F0.2；（混合编程）

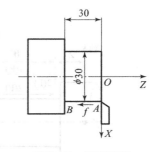

**图2-3 编程实例**

#### 4. 注意事项

（1）G01 指令是模态代码，它是直线运动的命令，规定刀具在两坐标或三坐标间以插补联动方式按 F 指定的进给速度做任意斜率的直线运动。

（2）绝对值编程时，刀具以 F 指令的进给速度进行直线插补，运动到工件坐标系 X、Z 点。

（3）增量值编程时，刀具以 F 进给速度运动到距离现有位置为 U、W 的点。

（4）F 进给速度在没有新的 F 指令以前一直有效，不必在每个程序段中都写入 F 指令。

2.1.1.2 手机扫一扫，观看以上讲解资源。

### （三）固定循环指令——G90

#### 1. 指令功能

G90 是单一切削循环指令，该循环主要用于轴类零件的外圆及锥面的加工。其刀具轨迹如图 2-4 所示。

图 2-4 中虚线表示快速移动，实线表示按 F 指定的进给速度移动。

#### 2. 指令格式

```
G00 X___ Z___;
G90 X(U)___ Z(W)___ F___;
```

参数说明：

X，Z——绝对值终点坐标尺寸；

U，W——相对值终点坐标尺寸；

F——切削进给速度。

#### 3. 举例说明

【例 2-3】 如图 2-5 所示，用 G90 指令车削零件，毛坯尺寸为 $\phi45\ mm \times 80\ mm$，每次直径方向车削 5 mm 余量。

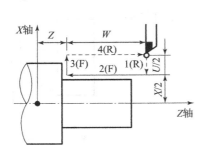

图 2-4 G90 刀具轨迹

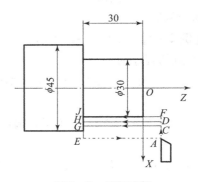

图 2-5 编程实例

参考程序如表 2 - 1 所示。

**4. 注意事项**

（1）运用 G90 进行编程时，循环起点 $X$ 坐标值一般应大于被加工工件的直径，$Z$ 轴方向应稍偏离工件外侧。

（2）G90 指令中 $X$ 与 $Z$ 表示圆柱面终点坐标值。

表 2 - 1　参考程序

| 程序段 | 注释 |
|---|---|
| O0001 | 程序名 |
| M03 S600; | 主轴正转 |
| T0101; | 调用 1 号刀具 |
| G00 X46 Z3; | 刀具粗车循环定位 |
| G90 X40 Z - 30 F0.1; | 刀具轨迹为 $A \rightarrow C \rightarrow G \rightarrow E \rightarrow A$ |
| X35; | 刀具轨迹为 $A \rightarrow D \rightarrow H \rightarrow E \rightarrow A$ |
| X30; | 刀具轨迹为 $A \rightarrow F \rightarrow J \rightarrow E \rightarrow A$ |
| G00 X100 Z100; | 退刀 |
| M30; | 程序结束 |

（3）G90 指令执行完毕后刀具返回循环起点。

（4）G90 指令是模态指令。

2.1.1.3 手机扫一扫，观看以上讲解资源。

2.1.1.4 手机扫一扫，观看以上讲解资源。

# 二、数控车削加工工艺分析的步骤

## （一）确定工件的加工部位和具体内容

确定被加工工件需在本机床上完成的工序内容及其与前后工序的联系。

（1）工件在本工序加工之前的情况，如铸件、锻件或棒料、形状、尺寸、加工余量等。

（2）前道工序已加工部位的形状、尺寸或本工序需要前道工序加工出的基准面、基准孔等。

（3）本工序要加工的部位和具体内容。

（4）为了便于编制工艺及程序，应绘制出本工序加工前毛坯图及本工序加工图。

## （二）确定工件的装夹方式与设计夹具

根据已确定的工件加工部位、定位基准和夹紧要求，选用或设计夹具。数控车床多采用三爪自定心卡盘夹持工件；轴类工件还可采用尾座顶尖支持工件。由于数控车床主轴转速极高，为便于工件夹紧，多采用液压高速动力卡盘，它在生产厂已通过了严格的平衡，具有高转速（极限转速可达 $4\,000 \sim 6\,000$ r/min）、高夹紧力（最大推拉力为 $2\,000 \sim 8\,000$ N）、高精度、调爪方便、通孔、使用寿命长等优点。另外，还可使用软爪夹持工件，软爪弧面由操作者随机配制，可获得理想的夹持精度。通过调整油缸压力，可改变卡盘夹紧力，以满足夹持各种薄壁和易变形工件的特殊需要。为减少细长轴加工时的受力变形，提高加工精度，以及在加工带孔轴类工件内孔时，可采用液压自动定心中心架，定心精度可达 $0.03$ mm。

## （三）确定加工方案

加工方案又称工艺方案，数控机床的加工方案包括制定工序、工步及走刀路线等内容。在数控机床加工过程中，由于加工对象复杂多样，特别是轮廓曲线的形状及位置千变万化，加上材料不同、批量不同等多方面因素的影响，在对具体零件制定加工方案时，应该进行具体分析和区别对待，灵活处理。只有这样，才能使所制定的加工方案合理，从而达到质量优、效率高和成本低的目的。

**1. 制定加工方案的原则**

制定加工方案的一般原则为：先粗后精，先近后远，先内后外，程序段最少，走刀路线最短，以及特殊情况特殊处理。

1）先粗后精

为了提高生产效率并保证零件的精加工质量，在切削加工时，应先安排粗加工工序，在较短的时间内，将精加工前大量的加工余量切掉，同时尽量满足精加工的余量均匀性要求。当粗加工工序安排完后，应接着安排换刀后进行的半精加工和精加工。其中，安排半精加工的目的是，当粗加工后所留余量的均匀性无法满足精加工要求时，则可安排半精加工作为过渡性工序，以便使精加工余量小而均匀。

在安排可以一刀或多刀进行的精加工工序时，其零件的最终轮廓应由最后一刀连续加工而成。这时，加工刀具的进退刀位置要考虑妥当，尽量不要在连续的轮廓中安排切入和切出或换刀及停顿，以免因切削力突然变化而造成弹性变形，致使光滑连接轮廓上产生表面划伤、形状突变或滞留刀痕等瑕疵。

2）先近后远

这里所说的远与近，是按加工部位相对于对刀点的距离大小而言的。在一般情况下，特别是在粗加工时，通常安排离对刀点近的部位先加工，离对刀点远的部位后加工，以便缩短刀具移动距离，减少空行程时间。对于车削加工，先近后远有利于保持毛坯件或半成品件的刚性，改善其切削条件。

3）先内后外

对既要加工内表面（内型、腔），又要加工外表面的零件，在制定其加工方案时，通常应安排先加工内型和内腔，后加工外表面。这是因为控制内表面的尺寸和形状比较困难，刀具刚性相对较差，刀尖（刃）的耐用度易受切削热影响而降低，以及在加工中清除切屑较困难等。

4）走刀路线最短

确定走刀路线的工作重点，主要用于确定粗加工及空行程的走刀路线，因为精加工切削过程的走刀路线基本上是沿其零件轮廓顺序进行的。

走刀路线泛指刀具从对刀点（或机床固定原点）开始运动起，直至返回该点并结束加工程序所经过的路径，包括切削加工的路径及刀具引入、切出等非切削空行程。

在保证加工质量的前提下，使加工程序具有最短的走刀路线，不仅可以节省整个加工过程的执行时间，还能减少一些不必要的刀具消耗及机床进给机构滑动部件的磨损等。

优化工艺方案除了依靠大量的实践经验外，还应善于分析，必要时可辅以一些简单计算。

上述原则并不是一成不变的，对于某些特殊情况，则需要采取灵活可变的方案。例如，有的工件就必须先精加工后粗加工，才能保证其加工精度与质量。这些都有赖于编程者实际加工经验的不断积累与学习。

**2. 加工路线与加工余量的关系**

在数控车床还未达到普及使用的条件下，一般应把毛坯件上过多的余量，特别是含有锻、铸硬皮层的余量安排在普通车床上加工。如果必须用数控车床加工，则要注意程序的灵活安排。安排一些子程序对余量过多的部位先做一定的切削加工。

通常情况下，加工路线与加工余量的关系如下：

（1）对大余量毛坯进行阶梯切削时的加工路线；

（2）分层切削时刀具的终止位置。

## （四）切削用量的选择

数控编程时，编程人员必须确定每道工序的切削用量，并以指令的形式写入程序中。切削用量包括主轴转速、背吃刀量及进给速度等。对于不同的加工方法，需要选用不同的切削用量，并编入程序单内。

合理选择切削用量的原则：保证零件加工精度和表面粗糙度，充分发挥刀具切削性能，保证合理的刀具耐用度；充分发挥机床的性能，最大限度地提高生产率，降低成本。

粗加工时，一般以提高生产率为主，但也应考虑经济性和加工成本；半精加工和精加工时，应在保证加工质量的前提下，兼顾切削效率、经济性和加工成本。具体数值应根据机床说明书、切削手册，并结合经验而定。

选择切削用量时，一定要充分考虑影响切削的各种因素，正确选择切削条件，合理确定切削用量，可有效提高机械加工质量和产量。影响切削条件的因素如下：机床、工具、刀具及工件的刚性；切削速度、切削深度、切削进给率；工件精度及表面粗糙度；刀具预期寿命及最大生产率；切削液的种类和冷却方式；工件材料的硬度及热处理状况；工件数量；机床的寿命。上述诸因素中以切削速度、切削深度、切削进给率为主要因素。

**1. 切削速度 $v_c$ 的选择**

切削速度的快慢直接影响切削效率。若切削速度过小，则切削时间会加长，刀具无法发挥其功能；若切削速度太快，虽然可以缩短切削时间，但是刀具容易产生高热，影响刀具的寿命。决定切削速度的因素很多，现概括如下：

（1）刀具材料。刀具材料不同，允许的最高切削速度也不同。高速钢刀具耐高温切削速度不到 50 m/min，碳化物刀具耐高温切削速度可达 100 m/min 以上，陶瓷刀具的耐高温切削速度高达 1 000 m/min。

（2）工件材料。工件材料硬度的高低会影响刀具的切削速度，同一刀具加工硬材料时切削速度应降低，而加工较软材料时切削速度可以适当提高。

（3）刀具寿命。要求刀具使用时间（寿命）长，则应采用较低的切削速度；反之，可采用较高的切削速度。

（4）切削深度与进刀量。切削深度与进刀量大，切削抗力也大，切削热会增加，故切削速度应降低。

（5）刀具的形状。刀具的形状、角度的大小、刃口的锋利程度都会影响切削速度的选取。

（6）冷却液使用。机床刚性好、精度高，可提高切削速度；反之，则需要降低切削速度。

上述影响切削速度的诸因素中，刀具材质的影响最为主要。

切削深度主要受机床刚度的制约，在机床刚度允许的情况下，切削深度应尽可能大，如果不受加工精度的限制，可以使切削深度等于零件的加工余量，这样可以减少走刀次数。切削速度在选择时应查阅切削速度推荐数值表，硬质合金外圆车刀常用切削速度如表 2 – 2 所示。

表 2 – 2　硬质合金外圆车刀常用切削速度（参考值）　　　　（单位：m/min）

| 工件材料 | 热处理状态 | $a_p = 0.3 \sim 2$ mm | $a_p = 2 \sim 6$ mm | $a_p = 6 \sim 10$ mm |
| --- | --- | --- | --- | --- |
| | | $f = 0.08 \sim 0.3$ mm/r | $f = 0.3 \sim 0.6$ mm/r | $f = 0.6 \sim 1$ mm/r |
| 低碳钢及易切钢 | 热轧 | 140 ~ 180 | 100 ~ 120 | 70 ~ 90 |
| 中碳钢 | 热轧 | 130 ~ 160 | 90 ~ 110 | 60 ~ 80 |
| | 调质 | 100 ~ 130 | 70 ~ 90 | 50 ~ 70 |
| 合金结构钢 | 热轧 | 100 ~ 130 | 70 ~ 90 | 50 ~ 70 |
| | 调质 | 80 ~ 110 | 50 ~ 70 | 40 ~ 60 |
| 工具钢 | 退火 | 90 ~ 120 | 60 ~ 80 | 50 ~ 70 |
| 灰铸铁 | HBS < 190 | 90 ~ 120 | 60 ~ 80 | 50 ~ 70 |
| | HBS = 190 ~ 250 | 80 ~ 110 | 50 ~ 70 | 40 ~ 60 |
| 高锰钢 WMn13% | | | 10 ~ 20 | |
| 铜及铜合金 | | 200 ~ 250 | 120 ~ 180 | 90 ~ 120 |
| 铝及铝合金 | | 300 ~ 600 | 200 ~ 400 | 150 ~ 200 |
| 铸铝合金 Wsi13% | | 100 ~ 180 | 80 ~ 150 | 60 ~ 100 |
| 注：切削钢及灰铸铁时刀具耐用度约为 60 min。 | | | | |

**2. 主轴转速 $n$ 的确定**

主轴转速要根据机床和刀具允许的切削速度进行确定，可以用计算法或查表法进行选取。

主轴转速应根据允许的切削速度和工件（或刀具）直径进行选择。其计算公式为

$$n = \frac{1\,000 v_c}{\pi d}$$

式中　$v_c$——切削速度，单位为 m/min，由刀具的耐用度决定；

　　　$n$——主轴转速，单位为 r/min；

　　　$d$——工件直径或刀具直径，单位为 mm。

计算的主轴转速 $n$ 最后要根据机床说明书选取机床有的或较接近的转速。

编程人员在确定切削用量时，要根据被加工工件材料、硬度、切削状态、背吃刀量、进给量以及刀具耐用度，选择合适的切削速度后，再根据公式进行计算得出主轴转速的合理数值范围。

**3. 进给速度 $v_f$（进给量 $f$）的确定**

进给速度是数控机床切削用量中的重要参数，主要根据零件的加工精度和表面粗糙度要求以及刀具、工件的材料性质选取。当加工精度、表面粗糙度要求高时，进给量数值应选小些，一般在 20～50 mm/min 范围内选取。最大进给量则受机床刚度和进给系统的性能限制，并与脉冲当量有关。

进给量与进给速度之间的关系是

$$v_f = fn$$

式中　$v_f$——主轴进给速度，单位为 mm/min；

　　　$f$——每转进给量，单位为 mm/r；

　　　$n$——主轴转速，单位为 r/min。

确定进给速度的原则主要包括以下几点：

（1）当工件的质量要求能够得到保证时，为了提高生产效率，可选择较高的进给速度，一般在 100～200 mm/min 范围内选取。

（2）在切断、加工深孔或用高速钢刀具加工时，宜选择较低的进给速度，一般在 20～50 mm/min 范围内选取。

（3）当加工精度、表面粗糙度要求高时，进给速度应选小些，一般在 20～50 mm/min 范围内选取。

（4）刀具空行程时，特别是远距离"回零"时，可以设定该机床数控系统设定的最高进给速度。

在粗车和精车时，应根据工件材料、刀具的背吃刀量等选择不同的进给量，粗车和精车的进给量选择可以参考表 2-3 和表 2-4。

**4. 背吃刀量（切削深度）$a_p$ 确定**

背吃刀量根据机床、工件和刀具的刚度决定，在刚度允许的条件下，应尽可能使背吃刀量等于工件的加工余量，这样可以减少走刀次数，提高生产效率。为了保证加工表面质量，可留少量精加工余量，一般为 0.2～0.5 mm，数值的选择可参照表 2-5 进行选择。

编程人员在选取切削用量时，一定要根据机床说明书的要求和刀具耐用度，选择适合机床特点及刀具最佳耐用度的切削用量。当然也可以凭经验，采用类比法确定切削用量。

表 2-3　高速钢及硬质合金车刀车削外圆及端面的粗车进给量

| 工件材料 | 车刀刀杆尺寸 | 工件直径/mm | 切深/mm | | | | |
|---|---|---|---|---|---|---|---|
| | | | ≤3 | 3~5 | 5~8 | 8~12 | >12 |
| | | | 进给量 $f/(\text{mm}\cdot\text{r}^{-1})$ | | | | |
| 碳素结构钢、合金结构钢、耐热钢 | 16 mm×25 mm | 20 | 0.3~0.4 | — | — | — | — |
| | | 40 | 0.4~0.5 | 0.3~0.4 | — | — | — |
| | | 60 | 0.5~0.7 | 0.4~0.6 | 0.3~0.5 | — | — |
| | | 100 | 0.6~0.9 | 0.5~0.7 | 0.5~0.6 | 0.4~0.5 | — |
| | | 400 | 0.8~1.2 | 0.7~1 | 0.6~0.8 | 0.5~0.6 | — |
| | 20 mm×30 mm 25 mm×25 mm | 20 | 0.3~0.4 | — | — | — | — |
| | | 40 | 0.4~0.5 | 0.3~0.4 | — | — | — |
| | | 60 | 0.6~0.7 | 0.5~0.7 | 0.4~0.6 | — | — |
| | | 100 | 0.8~1 | 0.7~0.9 | 0.5~0.7 | 0.4~0.7 | — |
| | | 400 | 1.2~1.4 | 1~1.2 | 0.8~1 | 0.6~0.9 | 0.4~0.6 |
| 铸铁及铜合金 | 16 mm×25 mm | 40 | 0.4~0.5 | — | — | — | — |
| | | 60 | 0.6~0.8 | 0.5~0.8 | 0.4~0.6 | — | — |
| | | 100 | 0.8~1.2 | 0.7~1 | 0.6~0.8 | 0.5~0.7 | — |
| | | 400 | 1~1.4 | 1~1.2 | 0.8~1 | 0.6~0.8 | — |
| | 20 mm×30 mm 25 mm×25 mm | 40 | 0.4~0.5 | — | — | — | — |
| | | 60 | 0.6~0.9 | 0.5~0.8 | 0.4~0.7 | — | — |
| | | 100 | 0.9~1.3 | 0.8~1.2 | 0.7~1 | 0.5~0.8 | — |
| | | 400 | 1.2~1.8 | 1.2~1.6 | 1~1.3 | 0.9~1.1 | 0.7~0.9 |

表 2-4　硬质合金外圆车刀精车的进给量（参考值）

| 工件材料 | 表面粗糙度 $Ra/\mu\text{m}$ | 切削速度范围 $v_c/(\text{m}\cdot\text{min}^{-1})$ | 刀尖圆弧半径 $r_c/\text{mm}$ | | |
|---|---|---|---|---|---|
| | | | 0.5 | 1 | 2 |
| | | | 进给量 $f/(\text{mm}\cdot\text{r}^{-1})$ | | |
| 铸铁、青铜、铝合金 | 6.3 | 不限 | 0.25~0.4 | 0.4~0.5 | 0.5~0.6 |
| | 3.2 | | 0.15~0.25 | 0.25~0.4 | 0.4~0.6 |
| | 1.6 | | 0.10~0.15 | 0.15~0.2 | 0.2~0.35 |
| 碳钢及合金钢 | 6.3 | <50 | 0.3~0.5 | 0.45~0.6 | 0.55~0.7 |
| | | >50 | 0.4~0.55 | 0.55~0.65 | 0.65~0.7 |
| | 3.2 | <50 | 0.18~0.25 | 0.25~0.3 | 0.3~0.4 |
| | | >50 | 0.25~0.3 | 0.3~0.35 | 0.3~0.5 |

续表

| 工件材料 | 表面粗糙度 $Ra/\mu m$ | 切削速度范围 $v_c/(m \cdot min^{-1})$ | 刀尖圆弧半径 $r_c$/mm | | |
|---|---|---|---|---|---|
| | | | 0.5 | 1 | 2 |
| | | | 进给量 $f/(mm \cdot r^{-1})$ | | |
| 碳钢及合金钢 | 1.6 | <50 | 0.1 | 0.11 ~ 0.15 | 0.15 ~ 0.22 |
| | | 50 ~ 100 | 0.11 ~ 0.16 | 0.16 ~ 0.25 | 0.25 ~ 0.35 |
| | | >100 | 0.16 ~ 0.20 | 0.20 ~ 0.25 | 0.25 ~ 0.35 |

表 2-5　外圆车削背吃刀量选择表（端面切深减半）　　　　（单位：mm）

| 轴径 | 长　　度 | | | | | | | | | | | |
|---|---|---|---|---|---|---|---|---|---|---|---|---|
| | ≤100 | | >100 ~ 250 | | >250 ~ 500 | | >500 ~ 800 | | >800 ~ 1 200 | | >1 200 ~ 2 000 | |
| | 半精 | 精车 | 半精 | 精车 | 半精 | 精车 | 半精 | 精车 | 半精 | 精车 | 半精 | 精车 |
| ≤10 | 0.8 | 0.2 | 0.9 | 0.2 | 1 | 0.3 | — | — | — | — | — | — |
| >10 ~ 18 | 0.9 | 0.2 | 0.9 | 0.3 | 1 | 0.3 | 1.1 | 0.3 | — | — | — | — |
| >18 ~ 30 | 1 | 0.3 | 1 | 0.3 | 1.1 | 0.3 | 1.3 | 0.3 | 1.4 | 0.4 | — | — |
| >30 ~ 50 | 1.1 | 0.3 | 1 | 0.3 | 1.1 | 0.4 | 1.3 | 0.5 | 1.5 | 0.6 | 1.7 | 0.6 |
| >50 ~ 80 | 1.1 | 0.3 | 1.1 | 0.4 | 1.2 | 0.4 | 1.4 | 0.5 | 1.6 | 0.6 | 1.8 | 0.7 |
| >80 ~ 120 | 1.1 | 0.4 | 1.2 | 0.4 | 1.2 | 0.5 | 1.4 | 0.5 | 1.6 | 0.6 | 1.9 | 0.7 |
| >120 ~ 180 | 1.2 | 0.5 | 1.2 | 0.5 | 1.3 | 0.6 | 1.5 | 0.6 | 1.7 | 0.7 | 2 | 0.8 |
| >180 ~ 260 | 1.3 | 0.5 | 1.3 | 0.6 | 1.4 | 0.6 | 1.6 | 0.7 | 1.8 | 0.8 | 2 | 0.9 |
| >260 ~ 360 | 1.3 | 0.6 | 1.4 | 0.6 | 1.5 | 0.7 | 1.7 | 0.7 | 1.9 | 0.8 | 2.1 | 0.9 |
| >360 ~ 500 | 1.4 | 0.7 | 1.5 | 0.7 | 1.5 | 0.8 | 1.7 | 0.8 | 1.9 | 0.9 | 2.2 | 1 |

注：（1）精加工，表面粗糙度 $Ra$ 为 $50 ~ 12.5\ \mu m$ 时，一次走刀应尽可能切除全部余量。
（2）粗车背吃刀量的最大值受车床功率的大小决定，中等功率机床可以达到 $8 ~ 10$ mm。

　　不管用什么方法选取切削用量，都要保证刀具的耐用度能完成一个零件的加工，或保证刀具耐用度不低于一个工作班次，最小也不能低于半个班次的时间。

　　总之，切削用量的具体数值应根据机床性能、相关的手册并结合实际经验用类比方法确定。同时，使主轴转速、切削深度及进给速度三者能相互适应，以形成最佳切削用量。

2.1.1.5 手机扫一扫，观看以上讲解资源。

## 三、数控仿真软件的基本操作

### 1. 启动加密锁管理程序

用鼠标左键依次单击"开始"→"程序"→"数控加工仿真系统"→"加密锁管理程

序"，如图 2 - 6 所示。

加密锁管理程序启动后，屏幕右下方的工具栏中将出现"☎"图标。

图 2 - 6　进入方式

**2. 运行数控加工仿真系统**

依次单击"开始"→"程序"→"数控加工仿真系统"→"数控加工仿真系统"，系统将弹出如图 2 - 7 所示的用户登录界面。

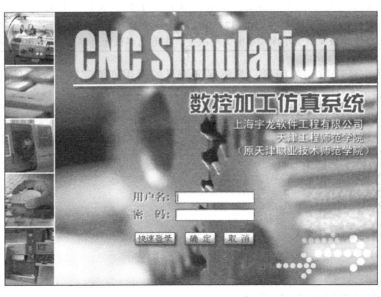

图 2 - 7　用户登录界面

此时，可以通过单击"快速登录"按钮进入数控加工仿真系统的操作界面或通过输入用户名和密码，再单击"确定"按钮，进入数控加工仿真系统。

另外，在局域网内使用本软件时，必须按上述方法先在教师机上启动"加密锁管理程序"。教师机屏幕右下方的工具栏中出现""图标后，才可以在学生机上依次单击"开始"→"程序"→"数控加工仿真系统"→"数控加工仿真系统"登录软件的操作界面。用户名与密码如下。

（1）管理员：用户名为 manage；密码为 system；

（2）一般用户：用户名为 guest；密码为 guest。

一般情况下，通过单击"快速登录"按钮登录即可。

### 3. 选择机床类型

打开菜单"机床"→"选择机床..."，在"选择机床"对话框中选择控制系统类型和相应的机床，并按"确定"按钮，此时界面如图2-8所示。

图2-8 选择机床类型

### 4. 定义毛坯

打开菜单"零件/定义毛坯"或在工具条上选择"⬭"，系统打开如图2-9所示的对话框。

图2-9 "定义毛坯"对话框

单击"确定"按钮，保存定义的毛坯并退出本操作。

单击"取消"按钮，退出本操作。

**5. 放置零件**

打开菜单"零件"→"放置零件"或者在工具条上选择图标"![图标]"，系统弹出如图 2 - 10 所示的"选择零件"对话框。

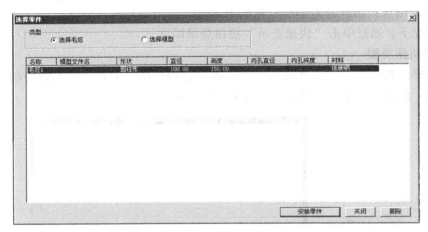

图 2 - 10  "选择零件"对话框

在列表中单击所需的零件，选中的零件信息加亮显示，按下"安装零件"按钮，系统自动关闭对话框，零件将被放到机床上。

**6. 选择刀具**

打开菜单"机床"→"选择刀具"或者在工具条中选择"![图标]"，系统弹出如图 2 - 11 所示的"刀具选择"对话框。

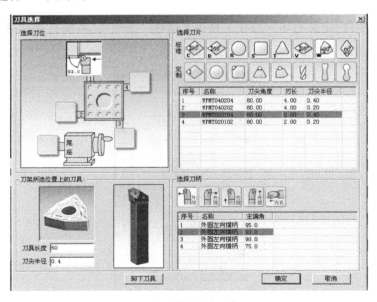

图 2 - 11  "刀具选择"对话框

（1）在刀架图中单击所需的刀位。

（2）选择刀片类型。

（3）选择刀柄类型。

（4）变更刀具长度和刀尖半径："选择车刀"完成后，该界面的左下部位显示出刀架所选位置上的刀具。其中，显示的"刀具长度"和"刀尖半径"均可以由操作者修改。

（5）拆除刀具：在刀架图中单击要拆除刀具的刀位，单击"卸下刀具"按钮。

（6）确认操作完成：单击"确认"按钮。

**7. 激活机床**

单击"启动"按钮"![按钮]"，此时"车床电机"和"伺服控制"的指示灯变亮，即"![图标]"。

检查"急停"按钮是否松开至"![图标]"状态，若未松开，则单击"急停"按钮"![图标]"将其松开。

**8. 车床回参考点**

检查操作面板上回原点指示灯是否点亮"![图标]"，若指示灯亮，则已进入回原点模式；若指示灯不亮，则单击"回原点"按钮"![图标]"，转入回原点模式。

在回原点模式下，先将 X 轴回原点，单击操作面板上的"X 轴选择"按钮"![X]"，使 X 轴方向移动指示灯变亮，即"![X]"，单击"正方向移动"按钮"![+]"，此时 X 轴将回原点，X 轴回原点灯变亮，即"![X原点灯]"，CRT 上的 X 坐标变为"600.00"。同样，再单击"Z 轴选择"按钮"![Z]"，使指示灯变亮，单击"![+]"，Z 轴将回原点，Z 轴回原点灯变亮，即"![X原点灯 Z原点灯]"，此时 CRT 界面如图 2-12 所示。

**图 2-12　CRT 界面**

**9. 试切法对刀**

数控程序一般按工件坐标系编程，对刀的过程就是建立工件坐标系与机床坐标系之间关系的过程，下面具体说明车床对刀的方法。首先将工件右端面中心点设为工件坐标系原点（将工件上其他点设为工件坐标系原点的方法与对刀方法类似）。

（1）切削外径：单击操作面板上的"手动"按钮"![]"，手动状态指示灯变亮，即"![]"，机床进入手动操作模式，单击控制面板上的"![X]"按钮，使 $X$ 轴方向移动指示灯变亮，即"![X]"，单击"![+]"或"![−]"，使机床在 $X$ 轴方向移动；同样使机床在 $Z$ 轴方向移动。通过手动方式将机床移到如图 2−13 所示的大致位置。

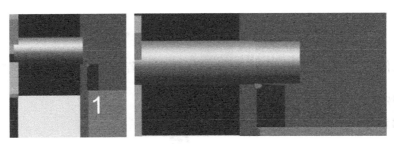

图 2−13  对刀

单击操作面板上的"![]"或"![]"按钮，使其指示灯变亮，主轴转动。再单击"Z轴方向选择"按钮"![Z]"，使 $Z$ 轴方向指示灯变亮，即"![Z]"，单击"![−]"，用所选刀具试切工件外圆，如图 12−13 所示。然后单击"![+]"按钮，$X$ 方向保持不动，刀具退出。

（2）测量切削位置的直径：单击操作面板上的"![]"按钮，使主轴停止转动，单击菜单"测量"→"坐标测量"，如图 2−14 所示，单击试切外圆时所切线段，选中的线段由红色变为黄色，记下下半部对话框中对应的 $X$ 的值（即直径）。

（3）按下控制箱键盘上的"![OFFSET SETTING]"键。

（4）把光标定位在需要设定的坐标系上。

（5）将光标移到"X"位置。

（6）输入直径值。

（7）按菜单软键"测量"（通过按软键"操作"，可以进入相应的菜单）。

（8）切削端面：单击操作面板上的"![]"或"![]"按钮，使其指示灯变亮，主轴转动。将刀具移至如图 2−15 所示的位置，单击控制面板上的"![X]"按钮，使 $X$ 轴方向移动指示灯变亮，即"![X]"，单击"![−]"按钮，切削工件端面，如图 2−16 所示。然后单击"![+]"按钮，$Z$ 方向保持不动，刀具退出。

（9）单击操作面板上的"主轴停止"按钮"![]"，使主轴停止转动。

（10）把光标定位在需要设定的坐标系上。

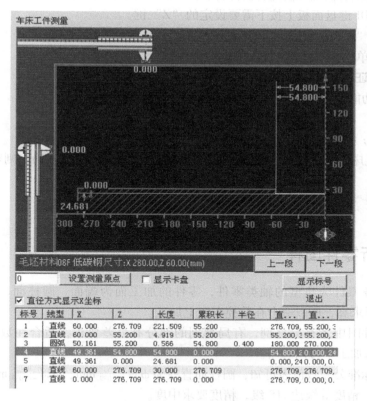

图 2-14 测量切削位置直径

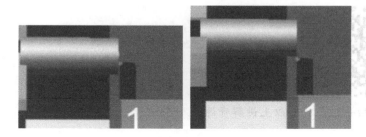

图 2-15 刀具位置

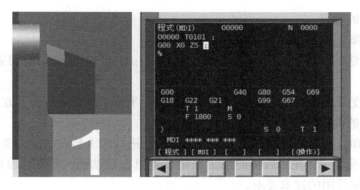

图 2-16 检验

（11）在 MDI 键盘面板上按下需要设定的"Z"键。

（12）输入"Z0"（注意距离有正负号）。

（13）按菜单软键"测量"，自动计算出坐标值。

**10. 对刀验证**

利用 MDI 功能输入一段指令：

T0101;

G00 X0 Z5;

目测观察机床刀具运行位置，如图 2-16 所示，如果运行位置正确，则对刀无误。

## 任务实施

## 一、分析零件图样

（1）本任务零件为典型的轴类零件，零件的加工面为端面、圆柱面、台阶面、倒角，由于尺寸精度要求高，所以适合在数控车床上加工。

（2）在零件图中才有局部剖，有局部剖的部分有公差要求，适合在数控铣床上加工，因此在数控车床加工中可以忽略。

（3）根据标准公差数值表可知，圆柱面直径为 $\phi39_{-0.039}^{0}$ mm、$\phi28_{-0.033}^{0}$ mm，查阅标准公差数值表 2-6，精度等级达 IT8 级，精度要求中度。

该任务的所有操作均到数控车间进行。

2.1.1 手机扫一扫，观看以上讲解资源。

## 二、制定数控加工工艺

**1. 加工方案的确定**

（1）装夹方案：采用三爪自定心卡盘装夹工件。

（2）加工方法：零件图中表面粗糙度值有 1.6 μm 和 6.3 μm，外圆表面加工方法如表 2-7 所示。

根据加工精度及表面加工质量要求，选择粗车—半精车—精车的加工方法。

**2. 加工顺序的确定**

由零件图可知，该零件两端都要加工，并且需要进行两次装夹才能完成。

（1）根据基准统一、先粗后精的加工原则，先粗车右端面、外圆、台阶，作为一道工序，使精车达到零件图的技术要求。

表 2-6　标准公差数值表

（单位：mm）

| 基本尺寸 | | 公差等级 | | | | | | | | | | | | | | | | | | | |
| 大于 | 至 | IT01 | IT0 | IT1 | IT2 | IT3 | IT4 | IT5 | IT6 | IT7 | IT8 | IT9 | IT10 | IT11 | IT12 | IT13 | IT14 | IT15 | IT16 | IT17 | IT18 |
|---|---|---|---|---|---|---|---|---|---|---|---|---|---|---|---|---|---|---|---|---|---|
| 0 | 3 | 0.000 3 | 0.000 5 | 0.000 8 | 0.001 2 | 0.002 | 0.003 | 0.004 | 0.006 | 0.01 | 0.014 | 0.025 | 0.04 | 0.06 | 0.1 | 0.14 | 0.25 | 0.4 | 0.6 | 1 | 1.4 |
| 3 | 6 | 0.000 4 | 0.000 6 | 0.001 | 0.001 5 | 0.002 5 | 0.004 | 0.005 | 0.008 | 0.012 | 0.018 | 0.03 | 0.048 | 0.075 | 0.12 | 0.18 | 0.3 | 0.48 | 0.75 | 1.2 | 1.8 |
| 6 | 10 | 0.000 4 | 0.000 6 | 0.001 | 0.001 5 | 0.002 5 | 0.004 | 0.006 | 0.009 | 0.015 | 0.022 | 0.036 | 0.058 | 0.09 | 0.15 | 0.22 | 0.36 | 0.58 | 0.9 | 1.5 | 2.2 |
| 10 | 18 | 0.000 5 | 0.000 8 | 0.001 2 | 0.002 | 0.003 | 0.005 | 0.008 | 0.011 | 0.018 | 0.027 | 0.043 | 0.07 | 0.11 | 0.18 | 0.27 | 0.43 | 0.7 | 1.1 | 1.8 | 2.7 |
| 18 | 30 | 0.000 6 | 0.001 | 0.001 5 | 0.002 5 | 0.004 | 0.006 | 0.009 | 0.013 | 0.021 | 0.033 | 0.052 | 0.084 | 0.13 | 0.21 | 0.33 | 0.52 | 0.84 | 1.3 | 2.1 | 3.3 |
| 30 | 50 | 0.000 6 | 0.001 | 0.001 5 | 0.002 5 | 0.004 | 0.007 | 0.011 | 0.016 | 0.025 | 0.039 | 0.062 | 0.1 | 0.16 | 0.25 | 0.39 | 0.62 | 1 | 1.6 | 2.5 | 3.9 |
| 50 | 80 | 0.000 8 | 0.001 2 | 0.002 | 0.003 | 0.005 | 0.008 | 0.013 | 0.019 | 0.03 | 0.046 | 0.074 | 0.12 | 0.19 | 0.3 | 0.46 | 0.74 | 1.2 | 1.9 | 3 | 4.6 |
| 80 | 120 | 0.001 | 0.001 5 | 0.002 5 | 0.004 | 0.006 | 0.01 | 0.015 | 0.022 | 0.035 | 0.054 | 0.087 | 0.14 | 0.22 | 0.35 | 0.54 | 0.87 | 1.4 | 2.2 | 3.5 | 5.4 |
| 120 | 180 | 0.001 2 | 0.002 | 0.003 5 | 0.005 | 0.008 | 0.012 | 0.018 | 0.025 | 0.04 | 0.063 | 0.1 | 0.16 | 0.25 | 0.4 | 0.63 | 1 | 1.6 | 2.5 | 4 | 6.3 |
| 180 | 250 | 0.002 | 0.003 | 0.004 5 | 0.007 | 0.01 | 0.014 | 0.02 | 0.029 | 0.046 | 0.072 | 0.115 | 0.185 | 0.29 | 0.46 | 0.72 | 1.15 | 1.85 | 2.9 | 4.6 | 7.2 |
| 250 | 315 | 0.002 5 | 0.004 | 0.006 | 0.008 | 0.012 | 0.016 | 0.023 | 0.032 | 0.052 | 0.081 | 0.13 | 0.21 | 0.32 | 0.52 | 0.81 | 1.3 | 2.1 | 3.2 | 5.2 | 8.1 |
| 315 | 400 | 0.003 | 0.005 | 0.007 | 0.009 | 0.013 | 0.018 | 0.025 | 0.036 | 0.057 | 0.089 | 0.14 | 0.23 | 0.36 | 0.57 | 0.89 | 1.4 | 2.3 | 3.6 | 5.7 | 8.9 |
| 400 | 500 | 0.004 | 0.006 | 0.008 | 0.01 | 0.015 | 0.02 | 0.027 | 0.04 | 0.063 | 0.097 | 0.155 | 0.25 | 0.4 | 0.63 | 0.97 | 1.55 | 2.5 | 4 | 6.3 | 9.7 |
| 500 | 630 | 0.004 5 | 0.006 | 0.009 | 0.011 | 0.016 | 0.022 | 0.032 | 0.044 | 0.07 | 0.11 | 0.175 | 0.28 | 0.44 | 0.7 | 1.1 | 1.75 | 2.8 | 4.4 | 7 | 11 |
| 630 | 800 | 0.005 | 0.007 | 0.01 | 0.013 | 0.018 | 0.025 | 0.035 | 0.05 | 0.08 | 0.125 | 0.2 | 0.32 | 0.5 | 0.8 | 1.25 | 2 | 3.2 | 5 | 8 | 12.5 |
| 800 | 1 000 | 0.005 5 | 0.008 | 0.011 | 0.015 | 0.021 | 0.029 | 0.04 | 0.056 | 0.09 | 0.14 | 0.23 | 0.36 | 0.56 | 0.9 | 1.4 | 2.3 | 3.6 | 5.6 | 9 | 14 |
| 1 000 | 1 250 | 0.006 5 | 0.009 | 0.013 | 0.018 | 0.024 | 0.034 | 0.046 | 0.066 | 0.105 | 0.165 | 0.26 | 0.42 | 0.66 | 1.05 | 1.65 | 2.6 | 4.2 | 6.6 | 10.5 | 16.5 |
| 1 250 | 1 600 | 0.008 | 0.011 | 0.015 | 0.021 | 0.029 | 0.04 | 0.054 | 0.078 | 0.125 | 0.195 | 0.31 | 0.5 | 0.78 | 1.25 | 1.95 | 3.1 | 5 | 7.8 | 12.5 | 19.5 |
| 1 600 | 2 000 | 0.009 | 0.013 | 0.018 | 0.025 | 0.035 | 0.048 | 0.065 | 0.092 | 0.15 | 0.23 | 0.37 | 0.6 | 0.92 | 1.5 | 2.3 | 3.7 | 6 | 9.2 | 15 | 23 |
| 2 000 | 2 500 | 0.011 | 0.015 | 0.022 | 0.03 | 0.041 | 0.057 | 0.077 | 0.11 | 0.175 | 0.28 | 0.44 | 0.7 | 0.11 | 1.75 | 2.8 | 4.4 | 7 | 11 | 17.5 | 28 |
| 2 500 | 3 150 | 0.013 | 0.018 | 0.026 | 0.036 | 0.05 | 0.069 | 0.093 | 0.135 | 0.21 | 0.33 | 0.54 | 0.86 | 1.35 | 2.1 | 3.3 | 5.4 | 8.6 | 13.5 | 21 | 33 |
| 3 150 | 4 000 | 0.016 | 0.023 | 0.033 | 0.045 | 0.06 | 0.084 | 0.115 | 0.165 | 0.26 | 0.41 | 0.66 | 1.05 | 1.65 | 2.6 | 4.1 | 6.6 | 10.5 | 16.5 | 26 | 41 |
| 4 000 | 5 000 | 0.02 | 0.028 | 0.04 | 0.055 | 0.074 | 0.1 | 0.14 | 0.2 | 0.32 | 0.5 | 0.8 | 1.3 | 2 | 3.2 | 5 | 8 | 13 | 20 | 32 | 50 |
| 5 000 | 6 300 | 0.025 | 0.035 | 0.049 | 0.067 | 0.092 | 0.125 | 0.17 | 0.25 | 0.4 | 0.62 | 0.98 | 1.55 | 2.5 | 4 | 6.2 | 9.8 | 15.5 | 25 | 40 | 62 |
| 6 300 | 8 000 | 0.031 | 0.043 | 0.062 | 0.084 | 0.115 | 0.155 | 0.215 | 0.31 | 0.49 | 0.76 | 1.2 | 1.95 | 3.1 | 4.9 | 7.6 | 12 | 19.5 | 31 | 49 | 76 |
| 8 000 | 10 000 | 0.038 | 0.053 | 0.076 | 0.105 | 0.14 | 0.195 | 0.27 | 0.38 | 0.6 | 0.94 | 1.5 | 2.4 | 3.8 | 6 | 9.4 | 15 | 24 | 38 | 60 | 94 |

表 2 - 7    外圆表面加工方法

| 序号 | 加工方法 | 精度 | 表面粗糙度 Ra/μm | 适应范围 |
|---|---|---|---|---|
| 1 | 粗车 | IT13 ~ 11 | 50 ~ 12.5 | 适用于淬火钢以外的各种金属 |
| 2 | 粗车—半精车 | IT10 ~ 8 | 6.3 ~ 3.2 | |
| 3 | 粗车—半精车—精车 | IT8 ~ 7 | 0.8 ~ 1.6 | |
| 4 | 粗车—半精车—精车—滚压 | IT8 ~ 7 | 0.2 ~ 0.025 5 | |
| 5 | 粗车—半精车—磨削 | IT8 ~ 7 | 0.8 ~ 0.4 | 主要用于淬火钢，但不宜加工有色金属 |
| 6 | 粗车—半精车—粗磨—精磨 | IT7 ~ 6 | 0.4 ~ 0.1 | |

（2）掉头装夹，精车端面、外圆、倒角，保证总长，达到零件图的技术要求。作为一道工序，两次装夹即可完成全部加工内容。

**3. 刀具的选择**

加工刀具卡片如表 2 - 8 所示。

表 2 - 8    加工刀具卡片

| 零件名称 | | 模芯 | | 零件图号 | | | 2 - 1 |
|---|---|---|---|---|---|---|---|
| 序号 | 刀具号 | 刀具名称 | 数量 | 加工表面 | 刀尖半径/mm | 刀尖方位号 T | 备注 |
| 1 | T01 | 93°外圆车刀 | 1 | 端面，粗精车外轮廓 | 0.4 | 3 | |

**4. 切削用量的选择**

（1）背吃刀量 $a_p$ 的选择。

①粗加工时：根据机床、工件和刀具的刚度确定，由生产经验取背吃刀量 $a_p = 2$ mm；

②精加工时：根据背吃刀量参考值取背吃刀量 $a_p = 0.3$ mm。

（2）进给量 $f$ 的选择。

①粗加工时：须查阅进给量参考值，取 $f = 0.4$ mm/r；

②精加工时：须查阅进给量参考值，取 $f = 0.15$ mm/r。

（3）切削速度 $v_c$ 的选择。

①粗加工时：须查阅切削速度参考值，取 70 ~ 90 m/min；

②精加工时：须查阅切削速度参考值，取 100 ~ 130 m/min。

（4）主轴转速 $n$

车削外圆的主轴转速 $n$ 的计算方法如下。

主轴转速计算公式为

$$n = \frac{1\,000 v_c}{\pi d}$$

粗车时主轴转速为

$$\frac{1\,000 \times 70}{\pi \times 40} \leqslant n \leqslant \frac{1\,000 \times 90}{\pi \times 40}$$

得

$$557 \leqslant n \leqslant 716$$

精车时主轴转速为

$$\frac{1\,000 \times 100}{\pi \times 40} \leq n \leq \frac{1\,000 \times 130}{\pi \times 40}$$

得

$$796 \leq n \leq 1\,035$$

因此，车削外圆，粗车时主轴转速取 $n = 600$ r/min，精车时主轴转速取 $n = 900$ r/min。

**5. 填写数控加工工序卡**

数控加工工序卡如表 2 - 9 所示。

表 2 - 9 数控加工工序卡

| 数控加工工序卡 | | 产品名称或代号 | 零件名称 | 零件图号 |
|---|---|---|---|---|
| | | 橡胶模芯 | 模芯 | 2 - 1 |
| 单位名称 | | 夹具名称 | 使用设备 | 车间 |
| ××× | | 三爪卡盘 | CK6150 数控车床 | 数控实训室 |

| 序号 | 工艺内容 | 刀具号 | 刀具规格/mm | 主轴转速 $n$/(r·min⁻¹) | 进给量 $f$/(mm·r⁻¹) | 背吃刀量 $a_p$/mm | 刀片材料 | 程序编号 | 量具 |
|---|---|---|---|---|---|---|---|---|---|
| 1 | 手动车端面，含 $Z$ 向对刀 | T01 | 25×25 | 300 | | 1 | | | 游标卡尺 |
| 2 | 粗车右端外轮廓、台阶，留加工余量 0.3 mm | T01 | 25×25 | 600 | 0.4 | 2 | | O2101 | 千分尺 |
| 3 | 精车右端外轮廓、台阶、倒角，达到图纸尺寸要求 | T01 | 25×25 | 900 | 0.15 | 0.3 | | O2102 | 游标卡尺 |
| 4 | 掉头车左端面，保证总长 | T01 | 25×25 | 600 | 0.4 | 2 | | | 游标卡尺 |
| 5 | 精车左端外轮廓、倒角，达到图纸尺寸要求 | T01 | 25×25 | 900 | 0.15 | 0.3 | | O2103 | 千分尺 |
| 编制 | | | 审核 | | | 批准 | | | |

2.1.2 手机扫一扫，观看以上讲解资源。

# 三、编制数控加工程序

参考程序如表 2 - 10 ~ 表 2 - 12 所示。

表 2-10　粗车右端外轮廓程序

| 程序段 | 注释 |
| --- | --- |
| O2101; | 程序名 |
| G40 G97 G99 M03 S600; | 主轴正转 |
| T0101; | 选择 1 号刀具 |
| M08; | 开切削液 |
| G00 X40 Z5; | 至循环起刀点 |
| G90 X36 Z-30 F0.4; | G90 粗车至 $\phi$36mm |
| X32; | 粗车至 $\phi$32mm |
| X28.6; | 粗车至精车余量 |
| G00 X100 Z100; | 回换刀点 |
| M30; | 程序结束 |

表 2-11　精车右端轮廓程序

| 程序段 | 注释 |
| --- | --- |
| O2102; | 程序名 |
| G40 G97 G99 M03 S900; | 主轴正转 |
| T0101; | 选择 1 号刀具 |
| M08; | 开切削液 |
| G00 X14 Z5; | 至倒角延长线 |
| G01 X28 Z-2 F0.15; | 精车倒角 |
| Z-30; | 精车 $\phi$28mm 外圆 |
| X39; | 退出 |
| Z-60; | 精车外圆 |
| G00 X100 Z100; | 回换刀点 |
| M30; | 程序结束 |

表 2-12　精车左端轮廓程序

| 程序段 | 注释 |
| --- | --- |
| O2103; | 程序名 |
| M03 S900; | 主轴正转 |
| T0101; | 选择 1 号刀具 |
| M08; | 开切削液 |
| G00 X26 Z5; | 至倒角延长线 |
| G01 X39 Z-2 F0.15; | 精车倒角 |
| Z-60; | 精车 $\phi$39mm 外圆 |

续表

| 程序段 | 注释 |
| --- | --- |
| X42; | 退出 |
| G00 X100 Z100; | 回换刀点 |
| M30; | 程序结束 |

2.1.3 手机扫一扫，观看以上讲解资源。

## 四、数控仿真加工零件

（1）启动软件；

（2）选择机床；

（3）回参考点；

（4）设置工件并安装；

（5）装刀（T01）；

（6）输入参考程序；

（7）模拟加工；

（8）对刀；

（9）自动加工；

（10）测量尺寸。

2.1.4.1 手机扫一扫，观看以上讲解资源。

2.1.4.2 手机扫一扫，观看以上讲解资源。

2.1.4.3 手机扫一扫，观看以上讲解资源。

## 五、数控实操加工零件

（1）系统启动；

（2）装夹并找正工件；

（3）装刀（T01）；

（4）输入参考程序；

（5）模拟加工；

（6）对刀；

（7）自动加工；

（8）测量尺寸。

2.1.5 手机扫一扫，观看以上讲解资源。

## 六、零件精度检测

（1）使用千分尺测量外径尺寸；

（2）使用游标卡尺测量长度尺寸。

（3）使用粗糙度样板检测零件表面粗糙度。

### 🔄 能力测评

**一、判断题**

1. 数控机床部件运动的正方向为增大工件与刀具之间距离的方向。 （　　）

2. 通常在命名或编程时，不论何种机床，都一律假定工件静止、刀具移动。 （　　）

3. 在数控机床加工过程中，可以随时调整主轴速度，但不可以随时调整进给速度。

（　　）

4. 进给速度与主轴转速有关时，表示为进给量（mm/r），一般是数控车床默认的状态。

（　　）

5. 为保证工件轮廓表面加工后的表面粗糙度要求，最终轮廓应在最后一次走刀中连续

加工出来。　　　　　　　　　　　　　　　　　　　　　　　　　　　　　　　（　　）

6. 程序延时指令 G04 和刀具半径补偿指令 G41/G42 不能在同一程序段中指定。

（　　）

7. 返回参考点有手动和自动返回参考点两种。　　　　　　　　　　　　　　　（　　）

8. 数控机床通电后，必须首先寻找机床参考点，即回零，使各坐标轴均返回至各自的参考点，确定机床坐标系后才能进行其他操作。　　　　　　　　　　　　　　（　　）

9. 粗车时，选择低的切削速度，以及大的切削深度和进给量。　　　　　　　　（　　）

**二、选择题**

1. 下列指令属于准备功能字的是（　　）。

A. G01　　　　　　B. M08　　　　　　C. T01　　　　　　D. S500

2. 根据加工零件图样选定的编制零件程序的原点是（　　）。

A. 机床原点　　　　B. 编程原点　　　　C. 加工原点　　　　D. 刀具原点

3. 进给功能字 F100 后的数字表示（　　）。

A. 每分钟进给量（mm/min）　　　　　　B. 每秒钟进给量（mm/s）

C. 每转进给量（mm/r）　　　　　　　　D. 螺纹螺距（mm）

4. G00 指令移动速度值是（　　）。

A. 数控程序指定　　　　　　　　　　　B. 机床参数指定

C. 操作面板指定　　　　　　　　　　　D. 操作者确定

5. 精加工时，切削速度选择的主要依据是（　　）。

A. 刀具耐用度　　　B. 加工表面质量　　C. 机床的精度　　　D. 工件的材料

6. （　　）指令使主轴启动反转。

A. M03　　　　　　B. M01　　　　　　C. M04　　　　　　D. M05

7. （　　）是数控机床上的一个固定基准点，一般位于各轴正向极限。

A. 刀具参考点　　　　　　　　　　　　B. 工件零点

C. 机床参考点　　　　　　　　　　　　D. 机床要点

8. 下列 G 指令中，（　　）是非模态指令。

A. G00　　　　　　B. G01　　　　　　C. G04　　　　　　D. G02

# 任务二　锥柄零件的编程与加工

### 📎 任务目标

**1. 知识目标**

（1）掌握锥度的计算方法；

（2）掌握内、外径切削循环指令 G90 的使用方法；

（3）掌握刀尖半径补偿指令 G41/G42/G40 的使用方法；

（4）掌握锥度测量的方法。

**2. 技能目标**

（1）能够通过分析图纸设计加工方案，以及编程加工锥柄零件；

（2）能够正确操作对刀，并建立工件坐标系；

（3）能够正确输入零件加工程序，并检验程序的正确性；

（4）能够运用数控仿真软件仿真加工锥柄零件。

## 任务描述

根据如图 2-17 所示零件图纸，在 CK6150 数控车床上单件小批量加工该零件。正确执行安全技术操作规程，按企业有关文明生产规定，做到工作地整洁，工件、工具摆放整齐。

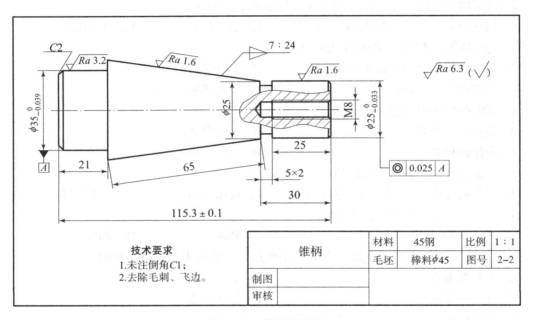

图 2-17　锥柄零件图

## 任务支持

## 一、圆锥的基本知识

正圆锥体的锥度是指锥体底圆直径与其高度之比。截头正圆锥（圆台）的锥度为其上、下底圆直径之差与圆台高之比，锥度在图样上用 $1:n$ 的形式标注，如图 2-18 所示。

**1. 锥度 C**

截头正圆锥的锥度为

$$C = \frac{D - d}{L}$$

或

$$C = 2\tan\frac{\alpha}{2}$$

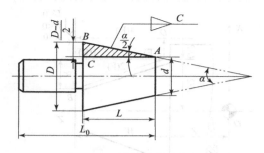

图 2 - 18　圆锥的基本参数

式中　$C$——锥度；

　　　$D$——圆锥大端直径，单位为 mm；

　　　$d$——圆锥小端直径，单位为 mm；

　　　$L$——圆锥长度，单位为 mm；

　　　$\dfrac{\alpha}{2}$——圆锥半角。

### 2. 标准圆锥

为了制造和使用方便，并降低生产成本，机床、工具和刀具上的圆锥多已标准化。标准工具圆锥在国际上通用，只要符合标准都具有互换性。

常用的标准工具圆锥有莫氏圆锥和米制圆锥两种。

（1）莫氏圆锥。莫氏圆锥是机械制造业中应用最广泛的一种，如车床主轴锥孔、尾座锥孔、麻花钻和铰刀锥柄都是莫氏圆锥。莫氏圆锥有 0~6 号 7 种，其中最小的是 0 号（Morse No0），最大的是 6 号（Morse No6），莫氏圆锥号码不同，其线性尺寸和圆锥半角均不相同。

（2）米制圆锥。米制圆锥有 7 个号码，即 4 号、6 号、80 号、100 号、120 号、160 号和 200 号。它的号码是指最大圆锥直径，锥度固定不变，即 $C = 1:20$，如 80 号米制圆锥的最大圆锥直径 $D = 80$ mm，锥度 $C = 1:20$。

## 二、车圆锥的编程方法

车圆锥程序可采用 G90 指令。

### 1. G90 加工锥面的指令格式

G00 X__　Z__；（循环起点）

G90 X(U)__ Z(W)__R__　F__；

其中：

（1）X，Z——切削终点的绝对坐标；

（2）U，W——切削终点相对于循环起点的坐标增量；

（3）R——圆锥面切削起点和切削终点的半径差，若起点坐标值大于终点坐标值，则 R 为正（$X$ 轴方向），反之为负；

（4）F——进给量，应根据切削要求确定。

### 2. G90 加工锥面的指令功能

用于圆锥面的循环切削，如图 2 - 19 所示。刀具从 $A$ 点开始，沿 $X$ 轴快速移动到 $B$ 点，再以 F 指令的进给速度切削到 $C$ 点，以切削进给速度退到 $D$ 点，最后快速退回到出发点 $A$，完成一个切削循环，从而简化编程。

### 3. G90 加工锥面的切削方法

（1）改变 R 的尺寸：X、Z 终点坐标不变，每个程序段只改变 R 的尺寸，如图 2 - 20

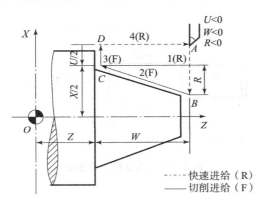

图 2-19　G90 刀具轨迹

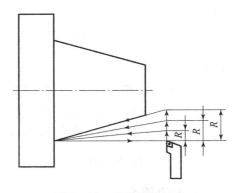

图 2-20　改变 R 的尺寸

所示。

（2）改变 X 的尺寸：Z、R 尺寸不变，每个程序段只改变 X 的尺寸，如图 2-21 所示。

**4. G90 加工锥面的编程示例**

零件图样如图 2-22 所示，使用 G90 粗车锥面。

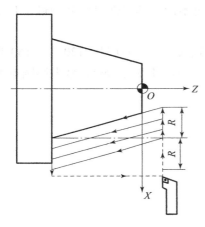

图 2-21　改变 X 的尺寸

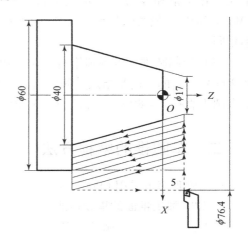

图 2-22　编程实例

采用改变 X 尺寸的方式编程，程序如表 2-13 所示。

表 2-13　采用改变 X 的方式编程

| 程序段 | 注释 |
| --- | --- |
| O2021; | 程序名 |
| M03 S500; | 主轴正转 |
| T0101; | 选择 1 号刀具 |
| G00 X75 Z5; | 至循环起刀点 |
| G90 X70 Z-35 R-11.5; | 车外圆锥面大端至 $\phi70$mm |
| X65; | 车外圆锥面大端至 $\phi65$mm |
| X60; | 车外圆锥面大端至 $\phi60$mm |

续表

| 程序段 | 注释 |
|---|---|
| X55; | 车外圆柱面大端至 $\phi$55 mm |
| X50; | 车外圆锥面大端至 $\phi$50 mm |
| X45; | 车外圆锥面大端至 $\phi$45 mm |
| X40; | 车外圆锥面大端至 $\phi$40 mm |
| G00 X100 Z100; | 回换刀点 |

采用改变 $R$ 的方式编程，如图 2 – 23 所示。

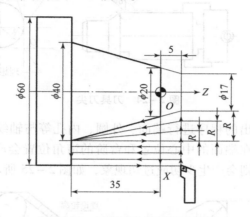

**图 2 – 23　采用改变 $R$ 的方式编程**

采用改变 $R$ 尺寸的方式编程，程序如表 2 – 14 所示。

**表 2 – 14　采用改变 $R$ 的方式编程**

| 程序段 | 注释 |
|---|---|
| O2023; | 程序名 |
| M03 S500; | 主轴正转 |
| T0101; | 选择 1 号刀具 |
| G00 X60 Z5; | 至循环起刀点 |
| G90 X55 Z – 35 F0.2; | 车外圆柱面至 $\phi$55 mm |
| X50; | 车外圆柱面至 $\phi$50 mm |
| X45; | 车外圆柱面至 $\phi$45 mm |
| X40; | 车外圆柱面至 $\phi$40 mm |
| G90 X40 Z – 35 R – 4; | 车外圆锥面小端至 $\phi$32mm |
| R – 8; | 车外圆锥面小端至 $\phi$24 mm |
| R – 11.5 | 车外圆锥面小端至 $\phi$17 mm |
| G00 X100 Z100; | 回换刀点 |

## 三、刀尖圆弧半径补偿指令 G41/G42/G40

### 1. 指令功能

编程时，通常将车刀刀尖作为一点来考虑，但实际上刀尖处存在圆角，如图 2 - 24 所示。

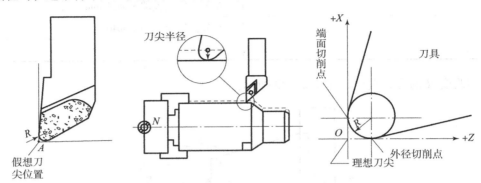

图 2 - 24   刀具刀尖

当用按理论刀尖点编出的程序进行端面、外圆、内孔等与轴线平行或垂直的表面加工时，是不会产生误差的。在端面的中心位置和台阶的清角位置会产生残留误差，在进行倒角、锥面及圆弧切削时，则会产生少切或过切现象，如图 2 - 25 所示。

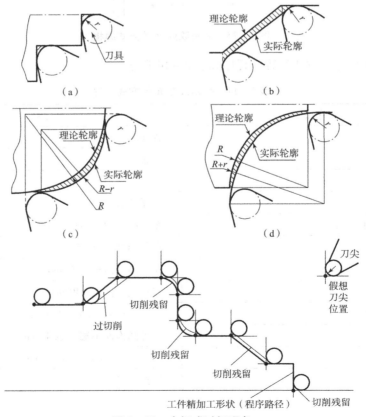

图 2 - 25   少切或过切现象

具有刀尖圆弧自动补偿功能的数控系统能根据刀尖圆弧半径计算出补偿量，避免少切或过切现象的产生。执行刀尖半径补偿指令后，刀尖会自动偏离工件轮廓一个刀尖半径值，从而加工出所要求的工件轮廓。

G41 表示左偏刀尖半径补偿，按程序路径前进方向刀具偏在零件左侧进给。G42 表示右偏刀尖半径补偿，按程序路径前进方向刀具偏在零件右侧进给。G40 表示取消刀尖半径补偿，按程序路径进给。左、右刀补偏置方向的规定如下：逆着插补平面的法线方向看插补平面，沿着刀具前进的方向，刀具在工件的左侧为左刀补 G41。后置刀架刀尖圆弧半径补偿如图 2－26 所示，前置刀架刀尖圆弧半径补偿如图 2－27 所示。

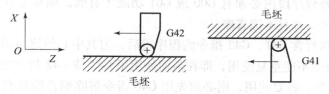

**图 2－26 后置刀架刀尖圆弧半径补偿**

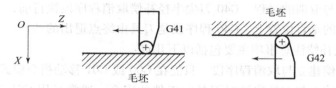

**图 2－27 前置刀架刀尖圆弧半径补偿**

刀具在工件的每个刀具补偿号，都有一组对应的刀尖半径补偿量 R 和刀尖方位号 T。在设置刀尖圆弧自动补偿值时，还要设置刀尖圆弧位置编码。刀尖圆弧位置编码定义了刀具刀位点与刀尖圆弧中心的位置关系，包括 0～9 十个方向，系统 T 表示假想刀尖的方向号，假想刀尖的方向与刀尖方位号 T 之间的关系如图 2－28 和图 2－29 所示，其中"·"代表刀具刀位点 A，"＋"代表刀尖圆弧圆心 O。

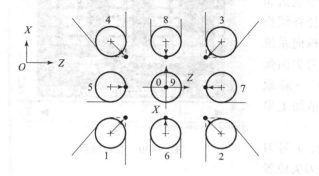

**图 2－28 后置刀架的刀尖方位号**

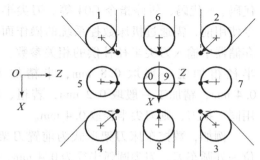

**图 2－29 前置刀架的刀尖方位号**

**2. 指令格式**

（1）以法那克系统为例，指令格式为

```
G00/G01 G41/G42 X(U) Z(W);    （建立半径补偿程序段）
    …
    …                          （轮廓切削程序段）
    …
G00/G01 G40 X(U) Z(W);         （撤销半径补偿程序段）
```

数控车床采用前置刀架和后置刀架时刀尖半径补偿平面不同，补偿方向也不同。

（2）刀尖半径补偿的过程。

①建立刀补。刀具补偿的建立使刀具中心从与编程轨迹重合过渡到与编程轨迹偏离一个刀尖圆弧半径。刀补程序段内必须有 G00 或 G01 功能才有效，偏移量补偿必须在一个程序段的执行过程中完成，并且不能省略。

②刀补进行。执行含 G41、G42 指令的程序段后，刀具中心始终与编程轨迹相距一个偏移量。G41、G42 指令不能重复使用，即在前面使用了 G41 或 G42 指令之后，不能再紧接着使用 G42 或 G41 指令。若要使用，则必须先用 G40 指令解除原补偿状态后，再使用 G42 或 G41，否则补偿就不正常了。

③取消刀补。在 G41、G42 程序后面，加入 G40 程序段即取消了刀尖半径补偿，表示了刀尖半径补偿建立与取消的过程。G40 刀尖半径补偿取消程序段执行前，刀尖圆弧中心停留在前一程序段终点的垂直位置上，G40 程序段是刀具由终点退出的动作。

（3）刀尖半径补偿注意事项主要包括以下几点：

①刀尖半径补偿建立与取消程序段，只能在 G00 或 G01 移动指令模式下才有效。

②为保证刀补建立与刀补取消时刀具与工件的安全，通常采用 G01 运动方式建立或取消刀补。如果采用 G00 运动方式建立或取消刀补，则要确定刀具不与工件发生碰撞。

③为了避免过切或欠切，建立刀尖半径补偿或取消刀尖半径补偿的程序段，最好在工件轮廓线以外，且移动距离应大于一个刀尖半径值。

④使用 G41、G42 后，必须用 G40 取消原补偿状态，才能再次使用 G41、G42 指令功能。

⑤在使用 G41、G42 指令时，不允许有两段连续的非移动指令，否则会出错。非移动指令包括 M 代码、S 代码、暂停指令 G04 等。刀尖半径补偿指令使用前，需通过机床数控系统的操作面板向系统存储器中输入刀尖半径补偿的相关参数：刀尖圆弧半径粗加工一般取 0.8 mm，半精加工一般取 0.4 mm，精加工一般取 0.2 mm，若粗、精加工采用同一把刀，则刀尖半径取 0.4 mm。

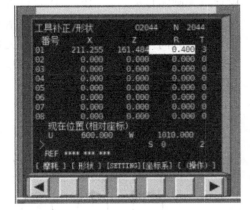

图 2-30　参数设置

例如，数控车床刀架形式为前置刀架，1 号刀位为外圆车刀，刀尖圆弧半径为 0.4 mm，刀尖位置号为 3 号，参数设置如图 2-30 所示。

 **任务实施**

## 一、分析零件图样

### 1. 几何精度分析

零件图中直径方向存在尺寸精度要求的尺寸有两个，分别是圆柱直径 $\phi25_{-0.033}^{\ 0}$ mm 和 $\phi35_{-0.039}^{\ 0}$ mm，查阅标准公差数值表可知，两个尺寸精度等级为 IT8 级，精度要求为中等精度。零件图样中有一个几何公差要求，即 ◎ | 0.025 | A |，其含义是要求 $\phi25$ mm 圆柱的轴线与 $\phi35$ mm 圆柱的轴线同轴度公差为 0.025 mm。

### 2. 结构分析

读零件图可知，该零件的加工内容有 $\phi35$ mm 和 $\phi25$ mm 的圆柱面、7∶24 的锥面、5 mm×2 mm 的槽、左右两端倒角、M8 的内螺纹，由于尺寸精度要求高，除了 M8 的螺纹适合在钻床上加工外，其他各个加工内容都适合在数控车床上加工。

2.2.1 手机扫一扫，观看以上讲解资源。

## 二、制定数控加工工艺

### 1. 加工方案的确定

（1）装夹方案：采用三爪自定心卡盘装夹工件。

（2）加工方法：零件图中表面粗糙度值有 1.6 μm、3.2 μm 和 6.3 μm，查阅外圆表面加工方法，采用粗车—精车的加工方法加工该零件。

### 2. 确定加工顺序

根据基准统一、先粗后精的加工原则，先粗车左端面和 $\phi35$ mm 外圆，后精车 $\phi35$ mm 外圆、倒角，达到零件图的技术要求。最后掉头装夹工件，粗车右端面，保证总长，钻中心孔和 M8 的底孔，然后粗精车 $\phi25$ mm 外圆、7∶24 的锥面、倒角，切槽，达到零件图的技术要求。

### 3. 刀具的选择

加工刀具卡片如表 2 – 15 所示。

### 4. 切削用量的选择

（1）背吃刀量 $a_p$ 的选择。

①粗加工时：根据机床、工件和刀具的刚度确定，根据生产经验取背吃刀量 $a_p = 2$ mm；

表 2-15　加工刀具卡片

| 零件名称 | | 锥柄 | | | 零件图号 | | 2-2 | |
|---|---|---|---|---|---|---|---|---|
| 序号 | 刀具号 | 刀具名称 | 数量 | 加工表面 | 刀尖半径 /mm | 刀尖方位号 T | 备注 | |
| 1 | T01 | 93°外圆车刀 | 1 | 端面，粗精车外轮廓 | 0.4 | 3 | | |
| 2 | T02 | 5 mm 切槽刀 | 1 | 切槽 | | | | |
| 3 | T03 | $\phi 3.5$ mm 中心钻 | 1 | 钻中心孔 | | | | |
| 4 | T04 | $\phi 6.6$ mm 麻花钻 | 1 | 钻 M8 底孔 | | | | |

②精加工时：根据背吃刀量参考值取背吃刀量 $a_p = 0.3$ mm。

（2）进给量 $f$ 的选择。

①粗加工时：须查阅进给量参考值，取 $f = 0.4$ mm/r；

②精加工时：须查阅进给量参考值，取 $f = 0.15$ mm/r。

（3）切削速度 $v_c$ 的选择。

①粗加工时：须查阅切削速度参考值，取 70 ~ 90 m/min；

②精加工时：须查阅切削速度参考值，取 100 ~ 130 m/min。

（4）主轴转速 $n$。

主轴转速计算公式为

$$n = \frac{1\,000 v_c}{\pi d}$$

粗车时主轴转速为

$$\frac{1\,000 \times 70}{\pi \times 45} \leq n \leq \frac{1\,000 \times 90}{\pi \times 45}$$

得

$$495 \leq n \leq 637$$

精车时主轴转速为

$$\frac{1\,000 \times 100}{\pi \times 45} \leq n \leq \frac{1\,000 \times 130}{\pi \times 45}$$

得

$$708 \leq n \leq 920$$

所以，粗车时主轴转速取 $n = 600$ r/min，精车时主轴转速取 $n = 900$ r/min。

**5. 填写数控加工工序卡**

数控加工工序卡如表 2-16 所示。

表 2-16　数控加工工序卡

| 数控车床加工工序卡 | | 产品名称或代号 | | 零件名称 | | 零件图号 | | |
|---|---|---|---|---|---|---|---|---|
| | | | | 锥柄 | | 2-2 | | |
| 单位名称 | | 夹具名称 | | 使用设备 | | 车间 | | |
| ××× | | 三爪卡盘 | | CK6150 数控车床 | | 数控实训室 | | |
| 序号 | 工艺内容 | 刀具号 | 刀具规格/mm | 主轴转速 $n$/ $(r \cdot min^{-1})$ | 进给量 $f$/ $(mm \cdot r^{-1})$ | 背吃刀量 $a_p$/mm | 刀片材料 | 程序编号 | 量具 |
| 1 | 手动车左端面，含 Z 向对刀 | T01 | 25×25 | 300 | | 1 | 硬质合金 | | 游标卡尺 |
| 2 | 粗车左端 $\phi$35 mm 外圆 | T01 | 25×25 | 600 | 0.4 | 2 | 硬质合金 | O2201 | 游标卡尺 |
| 3 | 精车左端 $\phi$35 mm 外圆 | T01 | 25×25 | 900 | 0.15 | 0.3 | 硬质合金 | O2202 | 千分尺 |
| 4 | 掉头装夹，手动车右端面，含 Z 向对刀 | T01 | 25×25 | 300 | | 1 | 硬质合金 | | 游标卡尺 |
| 5 | 手动钻中心孔 | T03 | $\phi$3.5 | 300 | | | 高速钢 | | |
| 6 | 手动钻底孔 | T04 | $\phi$6.6 | 300 | | | 高速钢 | | |
| 7 | 粗车右端 $\phi$25 mm 外圆、7:24 锥面 | T01 | 25×25 | 600 | 0.4 | 2 | 硬质合金 | O2203 | 千分尺 |
| 8 | 精车右端 $\phi$25 mm 外圆、7:24 锥面，切槽 | T01、T02 | 25×25 | 900 | 0.15 | 0.3 | 硬质合金 | O2204 | 千分尺万能角度尺 |
| 编制 | | 审核 | | | 批准 | | | |

2.2.2 手机扫一扫，观看以上讲解资源。

## 三、编制数控加工程序

### 1. 粗车左端轮廓

加工左端轮廓走刀路线，如图 2-31 所示。

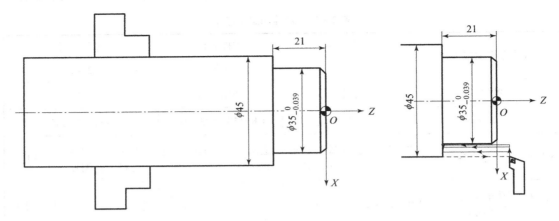

图 2-31　加工左端轮廓与走刀路线

粗车左端轮廓程序如表 2-17 所示。

表 2-17　粗车左端轮廓程序

| 程序段 | 注释 |
| --- | --- |
| O2201; | 程序名 |
| M03 S600; | 主轴正转 |
| T0101; | 选择 1 号刀具 |
| M08; | 开切削液 |
| G00 X45 Z5; | 至循环起刀点 |
| G90 X41 Z-21 F0.4; | G90 粗车至 $\phi41$ mm |
| X37; | 粗车至 $\phi37$ mm |
| X35.6; | 粗车至精车余量 |
| G00 X100 Z100; | 回换刀点 |
| M30; | 程序结束 |

### 2. 精车左端轮廓

精车左端轮廓走刀路线如图 2-32 所示。

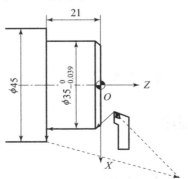

图 2-32　精车左端轮廓走刀路线

精车左端轮廓程序如表 2 – 18 所示。

表 2 – 18　精车左端轮廓程序

| 程序段 | 注释 |
|---|---|
| O2202; | 程序名 |
| G40 G97 G99 M03 S900; | 主轴正转 |
| T0101; | 选择 1 号刀具 |
| M08; | 开切削液 |
| G00 X21 Z5; | 至倒角延长线 |
| G01 X35 Z – 2 F0.15; | 精车倒角 |
| Z – 21; | 精车 $\phi35$ mm 外圆 |
| X45; | 退出 |
| G00 X100 Z100; | 回换刀点 |
| M30; | 程序结束 |

### 3. 粗车右端轮廓

右端轮廓走刀路线 1 如图 2 – 33 所示。

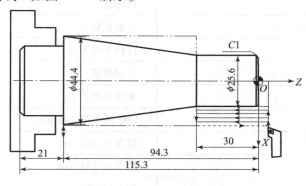

图 2 – 33　右端轮廓走刀路线 1

粗车右端轮廓时，首先用 G90 圆柱切削循环粗加工右端直径 $\phi25$ mm 的外圆，走刀路线如图 2 – 33 所示。然后用 G90 圆锥切削循环粗加工右端 7∶24 的锥度，可以通过两种方式进行加工：一是通过改变 R 的尺寸粗车右端轮廓，走刀路线如图 2 – 34 所示；二是通过改变 X

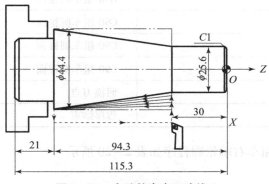

图 2 – 34　右端轮廓走刀路线 2

的尺寸粗车右端轮廓，走刀路线如图2-35所示。

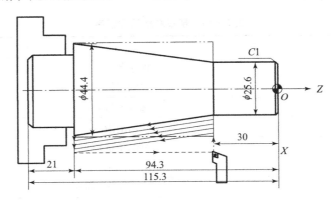

**图2-35 右端轮廓走刀路线3**

通过改变 $R$ 的尺寸粗车右端轮廓程序如表2-19所示。

**表2-19 改变 $R$ 的尺寸粗车右端轮廓程序**

| 程序段 | 注释 |
|---|---|
| O2203; | 程序名 |
| G40 G97 G99 M03 S900; | 主轴正转 |
| T0101; | 选择1号刀具 |
| M08; | 开切削液 |
| G00 X45 Z5; | 至循环起刀点 |
| G90 X41 Z-30 F0.4; | G90 粗车至 $\phi41$ mm |
| X37; | 粗车至 $\phi37$ mm |
| X33; | 粗车至 $\phi33$ mm |
| X29; | 粗车至 $\phi29$ mm |
| X25.6; | 粗车至精车余量 |
| G00 X45 Z-29; | 至循环起刀点 |
| G90 X44.4 Z-94.3 R-1.55; | G90 粗车圆锥面 |
| R-3.55; | G90 粗车圆锥面 |
| R-5.55; | G90 粗车圆锥面 |
| R-7.55; | G90 粗车圆锥面 |
| R-9.55; | G90 粗车圆锥面 |
| G00 X100 Z100; | 回换刀点 |
| M30; | 程序结束 |

通过改变 $X$ 的尺寸粗车右端轮廓程序如表2-20所示。

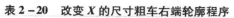

表 2-20　改变 X 的尺寸粗车右端轮廓程序

| 程序段 | 注释 |
| --- | --- |
| O2203; | 程序名 |
| G40 G97 G99 M03 S900; | 主轴正转 |
| T0101; | 选择 1 号刀具 |
| M08; | 开切削液 |
| G00 X45 Z5; | 至循环起刀点 |
| G90 X41 Z-30 F0.4; | G90 粗车至 $\phi$41 mm |
| X37; | 粗车至 $\phi$37 mm |
| X33; | 粗车至 $\phi$33 mm |
| X29; | 粗车至 $\phi$29 mm |
| X25.6; | 粗车至精车余量 |
| G00 X60.4 Z-29; | 至循环起刀点 |
| G90 X56.4 Z-94.3 R-9.55; | G90 粗车圆锥面 |
| X52.4; | G90 粗车圆锥面 |
| X48.4; | G90 粗车圆锥面 |
| X44.4; | G90 粗车圆锥面 |
| G00 X100 Z100; | 回换刀点 |
| M30; | 程序结束 |

### 4. 精车右端轮廓

精车右端轮廓程序如表 2-21 所示。

表 2-21　精车右端轮廓程序

| 程序段 | 注释 |
| --- | --- |
| O2204; | 程序名 |
| G40 G97 G99 M03 S900; | 主轴正转 |
| T0101; | 选择 1 号刀具 |
| M08; | 开切削液 |
| G42 G00 X13 Z5; | 建立刀尖半径补偿至倒角延长线 |
| G01 X25 Z-1 F0.15; | 精车倒角 |
| Z-30; | 精车 $\phi$25 mm 外圆 |
| X43.8 Z-94.3; | 精车圆锥面 |

| 程序段 | 注释 |
|---|---|
| X45; | 退出 |
| G40 G00 X100 Z100; | 回换刀点 |
| T0202; | 选择 2 号刀具 |
| G00 X26 Z－30; | 至槽的起点 |
| G01 X21 F0.05; | 切槽 |
| X26; | 退出 |
| G00 X100 Z100; | 回换刀点 |
| M30; | 程序结束 |

2.2.3 手机扫一扫，观看以上讲解资源。

## 四、数控仿真加工零件

（1）启动软件；
（2）选择机床；
（3）回参考点；
（4）设置工件并安装；
（5）装刀；
（6）输入参考程序；
（7）模拟加工；
（8）对刀；
（9）自动加工；
（10）测量尺寸。

2.2.4 手机扫一扫，观看以上讲解资源。

## 五、数控实操加工零件

（1）系统启动；

（2）装夹并找正工件；

（3）装刀（T01）；

（4）输入参考程序；

（5）模拟加工；

（6）对刀；

（7）自动加工；

（8）测量尺寸。

2.2.5 手机扫一扫，观看以上讲解资源。

## 六、零件精度检测

（1）使用千分尺测量外径尺寸；

（2）使用游标卡尺测量长度尺寸；

（3）使用万能角度尺测量锥度尺寸。

（4）使用粗糙度样板检测零件表面粗糙度。

### ↻ 能力测评

#### 一、判断题

1. 为了保证工件达到图样所规定的精度和技术要求，夹具上的定位基准应与工件上的设计基准、测量基准尽可能重合。　　　　　　　　　　　　　　　　　　（　　）

2. 零件图中的尺寸标注的要求是完整、正确、清晰、合理。　　　　　　（　　）

3. 公差就是加工零件实际尺寸与图纸尺寸的差值。　　　　　　　　　　（　　）

4. 加工零件的表面粗糙度小要比大好。　　　　　　　　　　　　　　　（　　）

5. 加工零件在数控编程时，首先应确定数控机床，然后分析加工零件的工艺特性。

（　　）

## 二、实操题

参照图 2-36 编写加工程序。

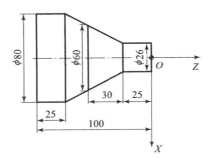

图 2-36 技能训练图

# 任务三 阀芯的编程与加工

## 🔁 任务目标

### 1. 知识目标

(1) 熟练运用 G71/G70、G02/G03、G41/G42/G40 和 G04 指令;

(2) 熟悉阀芯零件的刀具选择、对刀操作与加工;

(3) 熟悉阀芯产品的检测方法。

### 2. 能力目标

(1) 能使用仿真软件加工阀芯;

(2) 能操作数控车床加工阀芯;

(3) 能使用外径千分尺对外径尺寸进行检测;

(4) 能使用游标卡尺对宽槽和窄槽尺寸进行检测。

## 🔁 任务描述

如图 2-37 所示,根据零件图纸,在 CK6150 数控车床上单件小批量加工该零件。正确执行安全技术操作规程,按企业有关文明生产规定,做到工作地整洁,工件、工具摆放整齐。

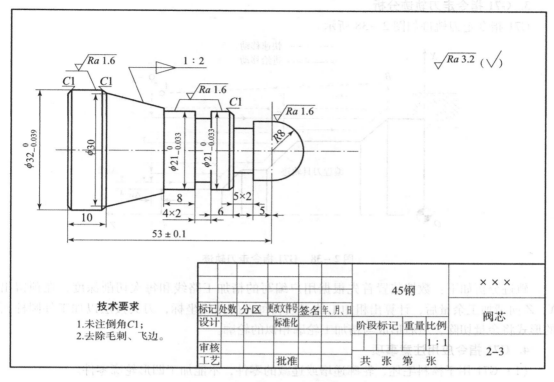

**技术要求**
1.未注倒角C1;
2.去除毛刺、飞边。

| 标记 | 处数 | 分区 | 更改文件号 | 签名 | 年、月、日 | 45钢 | | × × × |
|---|---|---|---|---|---|---|---|---|
| 设计 | | | 标准化 | | | 阶段标记 | 重量 比例 | 阀芯 |
| 审核 | | | | | | | 1:1 | |
| 工艺 | | | 批准 | | | 共　张　第　张 | | 2-3 |

图 2-37　阀芯零件图

## ✎ 任务支持

# 一、内、外圆粗车循环指令 G71

**1. G71 指令功能**

G71 内、外圆粗车循环是一种复合固定循环指令,适用于外圆柱面需要多次走刀才能完成的粗加工。

**2. G71 指令编程格式**

格式: G71 U(Δd) R(e);

G71 P(ns)　Q(nf)　U(Δu)　W(Δw)　F(f)　S(s)　T(t);

程序中,Δd——粗车时背吃刀量(即 X 向每次切削深度,半径值,无正负号);

e——粗车时退刀量,一般为 0.5~1 mm;

ns,nf——精加工轮廓开始、结束的程序段号;

Δu——X 轴方向的精加工余量(直径值,外表面加工为正,内表面加工为负);

Δw——Z 轴方向的精加工余量(一般不指定);

F,S,T——粗加工时使用的进给量、主轴转速和刀具。

说明:G71 指令用于棒料毛坯零件内、外表面的粗加工。

### 3. G71 指令走刀轨迹分析

G71 指令走刀轨迹如图 2 - 38 所示。

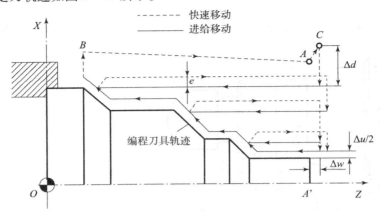

图 2 - 38  G71 指令走刀轨迹

轨迹分析如下：数控装置首先根据用户编写的精加工路线和每次切削深度，在预留出 X、Z 向精加工余量后，计算出粗加工的刀数和每刀的路线坐标，刀具按层以加工外圆柱面的形式将余量切除，然后形成与精加工轮廓相似的轮廓。

### 4. G71 指令应用注意事项

（1）G71 用于棒料毛坯、轮廓递增或递减的零件，不能加工凹形轮廓零件。

（2）精加工开始程序段中不允许编写 Z 指令，否则程序报警。

（3）粗车循环最后一刀，按精加工轮廓切削，留余量 $\Delta u$、$\Delta w$。

## 二、精车复合循环指令 G70

### 1. G70 指令功能

G70 精车复合循环指令符合循环去除精加工余量，精车轮廓一次走刀完成的内、外圆的精车加工。

### 2. G70 指令编程格式

格式：G70  P(ns) Q(nf);

程序中，ns，nf——精加工轮廓开始、结束的程序段号。

说明：用于 G71 指令后的精加工不能单独使用，必须在 G71/G73 指令后。

## 三、G71/G70 加工内、外圆的编程示例

零件图样如图 2 - 39 所示。

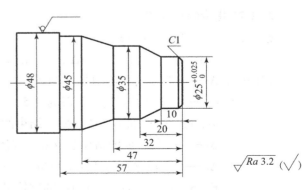

图 2 - 39  G71 指令例题解析

精车右端轮廓程序如表 2 - 22 所示。

表 2 - 22　精车右端轮廓程序

| 程序段 | 注释 |
| --- | --- |
| O2039; | 程序名 |
| G40 G97 G99 M03 S900; | 主轴正转 |
| T0101; | 选择 1 号刀具 |
| M08; | 开切削液 |
| G00 X50 Z2; | 至循环起刀点 |
| G71 U2 R0.5;<br>G71 P10 Q20 U0.5 W0 F0.2; | 调用 G71 循环指令 |
| N10 G00 X21; | 精车轮廓的起始程序段，不能含 Z 坐标 |
| G01 Z0 F0.1; | 走刀至 Z0 点 |
| X25 Z - 2; | 车倒角 |
| Z - 10; | 车 $\phi 25$ mm 的外圆 |
| X35 Z - 20; | 车圆锥面 |
| Z - 32; | 车 $\phi 35$ mm 的外圆 |
| X45 Z - 47; | 车圆锥面 |
| Z - 57; | 车 $\phi 45$ mm 的外圆 |
| X45.; | 回换刀点 |
| N20 G01 X50; | 精车轮廓的终止程序段 |
| G00 X100 Z100; | 退刀 |
| M09; | 关切削液 |
| M05; | 主轴停止 |
| M00; | 程序暂停 |
| T0101; | 调用刀具 |
| M03 S1000; | 主轴正转 |
| G00 X50 Z2; | 至循环起刀点 |
| G70 P10 Q20; | 调用 G70 精车循环 |
| G00 X100.Z100.; | 退刀 |
| M30; | 程序结束 |

## 四、圆弧插补指令 G02/G03

**1. G02/G03 指令功能**

G02/G03 圆弧插补指令用于命令刀具在指定平面内按给定的 F 进给速度做圆弧运动，切削出圆弧轮廓。G02 为顺时针圆弧插补指令，G03 为逆时针圆弧插补指令。所谓顺时针或逆时针，是沿垂直于圆弧所在平面的坐标轴的正方向向负方向看，顺时针为 G02，逆时针为 G03，如图 2 −40 所示。

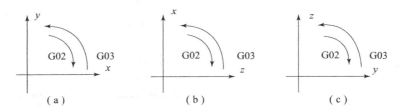

**图 2 −40 各补偿平面下的圆弧方向**

(a) G17 平面；(b) G18 平面；(c) G19 平面

**2. G02/G03 指令格式**

格式：G02/G03 　X(U)___ Z(W)___ (I__K__) F__；（圆心坐标方式）

或： 　　　G02/G03 　X(U)___ Z(W)___ R__ F__；（圆弧半径方式）

程序中，X（U），Z（W）——X 轴、Z 轴的终点坐标；

I，K ——圆弧圆心点相对于圆弧起点在 X 轴、Z 轴方向对应的增量坐标；

R ——圆弧半径；

F ——进给速率。

终点坐标可以用绝对坐标 X、Z 或增量坐标 U、W 表示，但是 I、K 的值总是以增量方式表示。

**3. 注意事项**

（1）X、Z 表示圆弧终点坐标是相对编程零点的绝对坐标值。U、W 表示圆弧终点是相对圆弧起点的增量值。I、K 是圆心坐标，是相对于圆弧起点的增量值，I 是 X 方向，K 是 Z 方向。圆心坐标在圆弧插补时不得省略，无论是绝对值方式，还是增量方式，圆心坐标总是相对圆弧起点的增量值。当系统提供 R 编程功能时，I、K 可不编，当两者同时被指定时，R 指令优先，I、K 无效。

（2）用 G02/G03 指令编程时，可以直接编过象限圆、整圆等；过象限时，会自动进行间隙补偿，如果参数区未输入间隙补偿或参数区的间隙补偿与机床实际反向间隙相差悬殊，则会在工件上产生明显的切痕。

（3）加工整圆不能采用 R 编程，因为经过同一点，半径相同的圆有无数个，圆心坐标 I 和 K 不能给错，特别是 I、K 不能同时为 0。

（4）小于等于 180° 的圆弧编程时，R 为正值；大于 180° 的圆弧编程时，半径值 R 为负值。因为起点和终点相同时存在优、劣两段弧。

（5）数控车床顺、逆圆弧的判别如图 2 −41 所示。

#### 4. G02/G03 指令的应用

对如图 2－42 所示端部轮廓进行精加工。

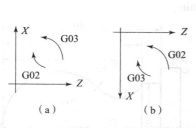

**图 2－41　顺、逆圆弧的判别**

（a）后置刀架；（b）前置刀架

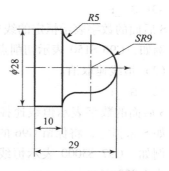

**图 2－42　端部轮廓**

图 2－42 中零件轮廓的数控加工程序如表 2－23 所示。

**表 2－23　精车轮廓程序（一）**

| 程序段 | 注释 |
| --- | --- |
| O2042; | 程序名 |
| G40 G97 G99 M03 S900; | 主轴正转 |
| T0101; | 选择 1 号刀具 |
| M08; | 开切削液 |
| G00 X30 Z2; | 至循环起刀点 |
| X0; | 精车轮廓的起始程序段，不能含 Z 坐标 |
| G01 Z0 F0.1 ; | 走刀至 Z0 点 |
| G03 X18 Z－9 R9; | 逆圆插补，加工 SR9 mm 球头 |
| G01 Z－14; | 车圆柱面 |
| G02 X28 Z－19 R5; | 顺圆插补，加工 R5 mm 圆弧 |
| G01 Z－29; | 车圆柱面 |
| X30; | 退刀 |
| G00 X100. Z100.; | 退刀 |
| M30; | 程序结束 |

## 五、恒线速控制指令 G96/G97

#### 1. 指令功能

加工端面时，如果主轴转速固定，由于加工表面直径的变化，切削速度也随着变化，有可能出现表面粗糙度不一致等现象，恒线速状态下可随着工件直径的减小而相应增加主轴转速，这有助于提高加工表面质量及生产率。

### 2. 指令格式

（1）恒线速有效。

G96 S__ ;

S 后面的数字表示恒定的线速度，单位为 m/min。

例如，G96 S150 表示切削点线速度控制在 150 m/min。

（2）恒线速取消。

G97 S__ ;

S 后面的数字表示恒线速控制取消后的主轴转速，如 S 未指定，将保留 G96 的最终值。

例如，G97 S3000 表示恒线速控制取消后主轴转速为 3 000 r/min。

恒线速情况下车端面，刀具接近工件中心时转速会变得相当大，这是很危险的，必须通过参数设置或 G50 指令限制最高转速。

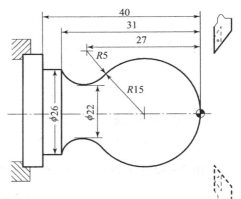

图 2 - 43　加工实例

### 3. 指令应用

图 2 - 43 中图纸的数控加工程序如表 2 - 24 所示。

表 2 - 24　精车轮廓程序（二）

| 程序段 | 注释 |
| --- | --- |
| O2043; | 程序名 |
| M03 S400; | 主轴正转 |
| T0101; | 选择 1 号刀具 |
| M08; | 开切削液 |
| G00 X30 Z2; | 至循环起刀点 |
| G96 S80 | 恒线速度有效，线速度为 80 m/min |
| G00 X0; | 精车轮廓的起始程序段，不能含 Z 坐标 |
| G01 Z0 F0.1; | 走刀至 Z0 点 |
| G03 U24 W-24 R15; | 加工 R15 mm 圆弧段 |
| G02 X26 Z-31 R5; | 加工 R5 mm 圆弧段 |
| G01 Z-40; | 加工 φ26 mm 外圆 |
| X40; | 退刀 |
| G00 X100. Z100.; | 退刀 |
| G97 S300; | 取消恒线速度功能，设定主轴按 300 r/min 旋转 |
| M30; | 程序结束 |

## 六、圆弧的测量

在机械行业中，圆弧的测量方法有很多，如半径规测圆弧法、多功能数显半径测试仪测圆弧法、三坐标测量机测圆弧法、工具显微镜测圆弧法、轮廓测量仪测圆弧法、影像测量机测圆弧法、投影仪测圆弧法等。本部分主要采用半径规测圆弧法，它是非精确圆弧测量的常用方法。

### 1. 半径规概述

半径规也叫半径样板、R 规或 R 样板。

半径规是利用光隙法测量圆弧半径的专用工具。测量时必须使半径规的测量面与工件的圆弧面完全紧密接触，当半径规测量面与工件的圆弧面中间没有间隙时，工件的圆弧半径数即为此时对应的半径规上所示的数字。

由于这种测量方法是目测，是比对测量，精确度不是很高，故只能用在精度要求不是很高的地方。另外，由于半径规的数量有限，所以半径规的使用有一定的局限性；但其携带、操作非常方便，所以仍有使用价值，是常用量具。

半径规可分为检查凸形圆弧的凹形半径规和检查凹形圆弧的凸形半径规两种。半径规成套地组成一组，根据半径范围，一般每组由凹形和凸形规各16 片组成，每片样板用0.5 mm 厚的不锈钢板制造，精度比较高。半径规还可以作为极限量规使用。常见半径规形状如图 2 - 44 所示。

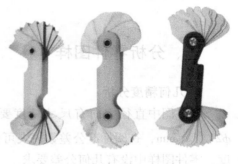

图 2 - 44　常见半径规形状

### 2. 半径规的用法

用半径规检测圆弧半径时，先选择与被检测圆弧半径名义尺寸相同的半径规（每片半径规上都标有其半径大小的数字），将其靠紧被测圆弧，要求半径规平面与被测圆弧垂直（即半径规平面的延长面将通过被测圆弧的圆心），用透光法查看半径规与被测圆弧的接触情况，完全不透光为合格；如果有透光现象，则说明被检测圆弧的尺寸不符合要求。几种检测情况分别如图 2 - 45 ~ 图 2 - 48 所示。

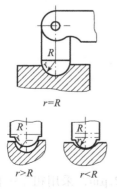

图 2 - 45　检测凸圆弧

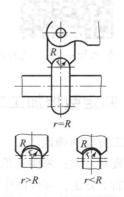

图 2 - 46　检测凹圆弧

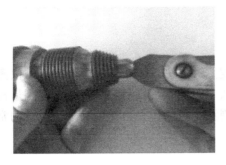

图 2 – 47　检测凹圆弧半径

图 2 – 48　检测凸圆弧半径

在图 2 – 45 和图 2 – 46 中，$r$ 为工件上圆弧的半径，$R$ 为半径规的圆弧半径。测量时，$r > R$ 和 $r < R$ 均不合格，只有 $r = R$ 才合格。

## 任务实施

## 一、分析零件图样

### 1. 几何精度分析

零件图中直径方向有尺寸精度要求的尺寸有两个，分别是圆柱直径 $\phi 32^{\ 0}_{-0.039}$ mm 和 $\phi 21^{\ 0}_{-0.033}$ mm，查阅标准公差数值表可知，两个尺寸精度等级为 IT8 级，精度要求为中等精度。零件图样中没有几何公差要求。

### 2. 结构分析

读零件图可知，该零件的加工内容有 $\phi 32$ mm 和 $\phi 21$ mm 的圆柱面、1:2 的锥面、5 mm × 2 mm 和 4 mm × 2 mm 的两个槽、倒角、$R8$ mm 的圆弧面，故由于尺寸精度要求高，故各个加工内容都适合在数控车床上加工。

2.3.1 手机扫一扫，观看以上讲解资源。

## 二、制定数控加工工艺

### 1. 加工方案的确定

（1）装夹方案：采用三爪自定心卡盘装夹工件。

（2）加工方法：零件图中表面粗糙度值有 1.6 μm 和 3.2 μm，采用粗车—精车的加工方法加工该零件。

**2. 确定加工顺序**

根据基准统一、先粗后精的加工原则，先粗车后精车外圆轮廓，然后切槽与倒角，最后切断，达到零件图的技术要求。

**3. 刀具的选择**

加工刀具卡片如表 2 – 25 所示。

表 2 – 25　加工刀具卡片

| 零件名称 | | | | 阀芯 | | 零件图号 | | 2 – 3 |
|---|---|---|---|---|---|---|---|---|
| 序号 | 刀具号 | 刀具名称 | 数量 | 加工表面 | 刀尖半径/mm | 刀尖方位号 T | 备注 |
| 1 | T01 | 93°外圆车刀 | 1 | 端面，粗精车外轮廓 | 0.4 | 3 | |
| 2 | T02 | 4 mm 切槽刀 | 1 | 切槽 | 0 | 3 | |

**4. 切削用量的选择**

（1）背吃刀量 $a_p$ 的选择。

①粗加工时：根据机床、工件和刀具的刚度确定，根据生产经验取背吃刀量 $a_p = 2$ mm；

②精加工时：根据背吃刀量参考值取背吃刀量 $a_p = 0.3$ mm。

（2）进给量 $f$ 的选择。

①粗加工时：须查阅进给量参考值，取 $f = 0.4$ mm/r；

②精加工时：须查阅进给量参考值，取 $f = 0.15$ mm/r。

（3）切削速度 $v_c$ 的选择。

①粗加工时：须查阅切削速度参考值，取 $70 \sim 90$ m/min；

②精加工时：须查阅切削速度参考值，取 $100 \sim 130$ m/min。

（4）主轴转速 $n$。

主轴转速计算公式为

$$n = \frac{1\,000 v_c}{\pi d}$$

粗车时主轴转速为

$$\frac{1\,000 \times 70}{\pi \times 35} \le n \le \frac{1\,000 \times 90}{\pi \times 35}$$

得

$$636 \le n \le 818$$

精车时主轴转速为

$$\frac{1\,000 \times 100}{\pi \times 35} \le n \le \frac{1\,000 \times 130}{\pi \times 35}$$

得

$$909 \le n \le 1\,182$$

所以，粗车时主轴转速取 $n = 700$ r/min，精车时主轴转速取 $n = 1\,000$ r/min。

### 5. 填写数控加工工序卡

数控加工工序卡如表 2-26 所示。

表 2-26　数控加工工序卡

| 数控车床加工工序卡 | | 产品名称或代号 | 零件名称 | | 零件图号 | | |
|---|---|---|---|---|---|---|---|
| | | | 阀芯 | | 2-3 | | |
| 单位名称 | | 夹具名称 | 使用设备 | | 车间 | | |
| ×××　 | | 三爪卡盘 | CK6150 数控车床 | | 数控实训室 | | |
| 序号 | 工艺内容 | 刀具号 | 刀具规格/mm | 主轴转速 $n$/ $(r \cdot min^{-1})$ | 进给量 $f$/ $(mm \cdot r^{-1})$ | 背吃刀量 $a_p$/mm | 刀片材料 | 程序编号 | 量具 |
| 1 | 手动车左端面，含 Z 向对刀 | T01 | 25×25 | 300 | | 1 | 硬质合金 | | 游标卡尺 |
| 2 | 粗车外轮廓 | T01 | 25×25 | 700 | 0.4 | 2 | 硬质合金 | O2301 | 游标卡尺 |
| 3 | 精车外轮廓 | T01 | 25×25 | 1000 | 0.15 | 0.3 | 硬质合金 | O2301 | 千分尺 |
| 4 | 切槽、倒角、切断 | T02 | 25×25 | 300 | 0.05 | 4 | 硬质合金 | O2301 | 游标卡尺 |
| 编制 | | 审核 | | | 批准 | | |

2.3.2 手机扫一扫，观看以上讲解资源。

## 三、编制数控加工程序

参考程序如表 2-27 所示。

表 2-27　参考程序

| 程序段 | 注释 |
|---|---|
| O2301; | 程序名 |
| M03 S700; | 主轴正转 |
| T0101; | 选择 1 号刀具 |
| M08; | 开切削液 |

续表

| 程序段 | 注释 |
|---|---|
| G00 G42 X35 Z5; | 至循环起刀点 |
| G71 U2 R1; | 定义粗车循环 |
| G71 P10 Q20 U0.3 W0 F0.4; | |
| N10 G00 X0; | 精车轮廓 |
| G01 Z0 F0.15; | |
| G03 X16 Z−8 R8; | |
| G01 W−10; | |
| X19; | |
| X21 W−1; | |
| W−17; | |
| X22.5; | |
| X30 Z−51; | |
| X32 W−1; | |
| Z−68; | |
| N20 X35; | |
| G40 G00 X100 Z100; | 回换刀点 |
| M05; | 主轴停转 |
| M00; | 程序暂停 |
| M03 S1000; | 主轴正转 |
| G42 G00 X35 Z5; | 回换刀点 |
| G70 P10 Q20; | 精车循环 |
| G40 G00 X100 Z100; | 回换刀点 |
| M05; | 主轴停转 |
| M00; | 程序暂停 |
| T0202; | 换 2 号切槽刀 |
| M03 S300; | 主轴正转 |
| G00 X23 Z5; | 快速进刀定位 |
| Z−18; | |
| G01 X12.5 F0.05; | 切宽槽 |
| X23 F0.4; | |
| W1; | |

续表

| 程序段 | 注释 |
|---|---|
| X12 F0.05; | 切宽槽 |
| W −1; | |
| X23 F0.4; | |
| G00 Z −28; | 快速进刀定位 |
| G01 X17 F0.05; | 切窄槽 |
| G04 X2; | |
| G01 X23 F0.4; | |
| G00 X40; | |
| Z −65; | 切左倒角 |
| X37; | |
| G01 X33 F0.1; | |
| W2; | |
| X33 W −2; | |
| X −1; | 切断 |
| G00 X100 Z100; | 回换刀点 |
| M30; | 程序结束 |

2.3.3 手机扫一扫，观看以上讲解资源。

## 四、数控仿真加工零件

（1）启动软件；

（2）选择机床；

（3）回参考点；

（4）设置工件并安装；

（5）装刀；

（6）输入参考程序；

（7）模拟加工；

（8）对刀；

（9）自动加工；

（10）测量尺寸。

2.3.4 手机扫一扫，观看以上讲解资源。

## 五、数控实操加工零件

（1）系统启动；

（2）装夹并找正工件；

（3）装刀（T01）；

（4）输入参考程序；

（5）模拟加工；

（6）对刀；

（7）自动加工；

（8）测量尺寸。

2.3.5 手机扫一扫，观看以上讲解资源。

## 六、零件精度检测

（1）使用千分尺测量外径尺寸；

（2）使用游标卡尺测量长度尺寸；

（3）使用万能角度尺测量锥度尺寸。

（4）使用粗糙度样板检测零件表面粗糙度。

### 能力测评

一、判断题

1. 数控车床和普通车床都是通过刀具切削完成对零件毛坯的加工的，因此二者的工艺路线是相同的。　　　　　　　　　　　　　　　　　　　　　　　　　（　　）

2. 车间日常工艺管理中的首要任务是组织职工学习工艺文件，进行遵守工艺纪律的宣传教育，并例行工艺纪律的检查。　　　　　　　　　　　　　　　　（　　）

3. 精加工时，主要考虑加工质量，常采用较小背吃刀量和进给量以及较大的切削速度。

（　　）

4. 切削加工工序的安排原则是基准先行、先粗后精、先主后次、先面后孔。　　（　　）

**二、实操题**

参照图 2－49 和图 2－50 编写加工程序。

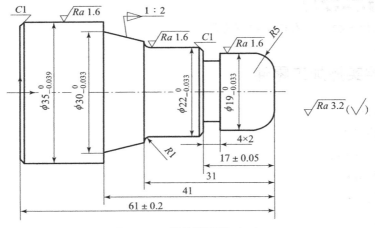

图 2－49　技能训练图（一）

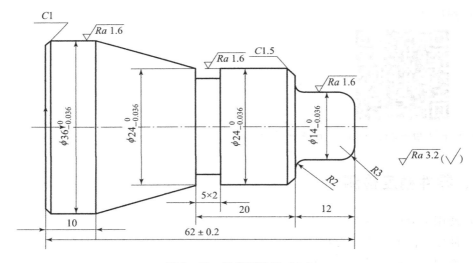

图 2－50　技能训练图（二）

# 任务四　地脚螺栓的编程与加工

## 🔄 任务目标

**1. 知识目标**

（1）掌握 G76 螺纹加工单一循环指令；

（2）掌握各种带有螺纹的轴类零件的仿真加工、实际加工和产品检测。

**2. 技能目标**

（1）能够通过分析图纸设计加工方案以及编程加工地脚螺栓；

（2）能够运用数控仿真软件仿真加工地脚螺栓；

（3）能够运用数控车床加工地脚螺栓；

（4）能够使用游标卡尺、外径千分尺、螺纹环规等量具检测零件尺寸。

## 📋 任务描述

根据零件图纸，如图 2－51 所示，在 CK6150 数控车床上单件小批量加工该零件。正确执行安全技术操作规程，按企业有关文明生产规定，做到工作地整洁，工件、工具摆放整齐。

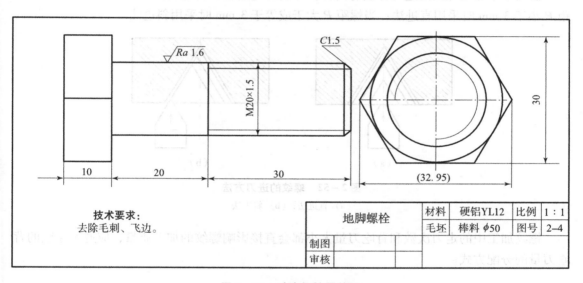

图 2－51　地脚螺栓零件图

## ✏️ 任务支持

## 一、螺纹加工工艺

### 1. 螺纹的基础知识

（1）螺纹的种类。按照螺纹类型可分为内螺纹和外螺纹；按照牙型特征一般可分为三角形、梯形、锯齿形和矩形等；按照线数可分为单头螺纹和多头螺纹。

（2）普通螺纹的标注。一般普通螺纹的牙型为三角形，并有粗细牙之分。粗牙普通螺纹的代号用牙型符号"M"及"公称直径"表示，如 M30；细牙普通螺纹的代号用"M"及"公称直径×螺距"表示，如 M30×1.5。

### 2. 螺纹加工尺寸分析

（1）实际切削螺纹外圆直径为

$$d_实 = d - 0.1P$$

式中　$d$——公称直径；

　　　$P$——螺距。

（2）螺纹牙型高度为

$$h_牙 = 0.65P$$

（3）螺纹的小径为

$$d_小 = d - 2h_牙$$
$$= d - 1.3P$$

### 3. 螺纹的进刀方法

数控车床加工螺纹的进刀方法有两种，分别为直进法和斜进法，如图 2－52 所示。当螺距 $P$ 小于 3 mm 时采用直进法；当螺距 $P$ 大于或等于 3 mm 时采用斜进法。

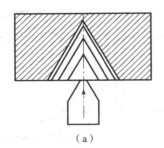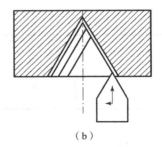

（a）　　　　　　　　　　　　　　　（b）

**图 2－52　螺纹的进刀方法**

（a）直进法；（b）斜进法

螺纹加工中的走刀次数和背吃刀量大小都会直接影响螺纹的加工质量，应遵循递减的背吃刀量的分配方式。

## 二、G76 螺纹切削复合循环指令

### 1. 指令的功能

G76 指令用于多次自动循环切削螺纹，平常也可用于加工不带退刀槽的螺纹和大螺距螺纹。G76 螺纹切削复合循环路线如图 2－53 所示。

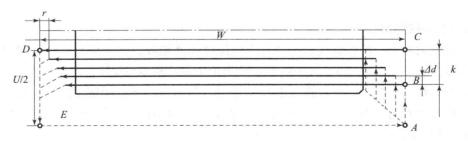

**图 2－53　G76 螺纹切削复合循环路线**

### 2. 指令的格式

G76　P(*m*)(*r*)(*a*) Q(Δ*d* min)　R(*d*);

G76　X(U)＿Z(W)＿R(*i*) P(*k*) Q(Δ*d*) F(*L*);

程序中，*m*——精车重复次数；

　　　　*r*——螺纹尾部倒角余量，用 00 ~ 99 的两位整数表示；

　　　　*a*——刀尖角度；

　　　　$\Delta d_{\min}$——最小车削深度，用半径值指定；

　　　　*d*——精车余量，用半径值指定；

　　　　X(U)，Z(W)——螺纹终点坐标；

　　　　*i*——螺纹部分的半径值差，*i* = 0，则为直螺纹；

　　　　*k*——螺纹高度，用半径值指定；

　　　　Δ*d*——第一次车削深度，用半径值指定；

　　　　*L*——导程，单头螺纹该值为螺距。

**【例 2 - 4】**　如图 2 - 54 所示，螺纹外径已经车削到 φ28.8 mm，工件材料为铝合金，用 G76 指令编制该螺纹的加工程序。

（1）螺纹加工尺寸的计算。

实际车削时外圆柱的直径为

$d_{实} = d - 0.1P = 29 - 0.1 \times 2 = 28.8$（mm）

螺纹实际牙型高度为

$h_小 = 0.65P = 0.65 \times 2 = 1.3$（mm）

螺纹实际小径为

$d_小 = d - 1.3P = 29 - 1.3 \times 2 = 26.4$（mm）

（2）螺纹部分参考程序如表 2 - 28 所示。

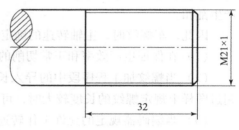

图 2 - 54　编程实例

表 2 - 28　参考程序

| 程序段 | 注释 |
| --- | --- |
| O2054; | 程序名 |
| G40 M03 S500; | 取消刀补，主轴正转，转速 500 r/min |
| T0303; | 换 3 号螺纹刀 |
| G00 Z5.0; | 快速定位至螺纹循环起刀点 |
| X31.0; | |
| G76 P020060 Q50 R0.1; | 螺纹车削复合循环 |
| G76 X27.4 Z - 32.0 P1300 Q400 F2.0; | |
| G00 X100.0 Z100.0; | 回换刀点 |
| M30; | 程序结束 |

### 三、车螺纹时的主轴转速

数控车床加工螺纹时，因其传动链的改变，原则上其转速只要能保证主轴每转一周，刀具沿主进给轴（多为 Z 轴）方向位移一个螺距即可，不应受到限制。但数控车床加工螺纹时，会受到以下几方面的影响：

（1）螺纹加工程序段中指令的螺距（导程）值，相当于以进给量（mm/r）表示的进给速度 F，如果将机床的主轴转速选择过高，则其换算后的进给速度（mm/min）必定大大超过正常值。

（2）刀具在其位移的始/终，都将受到伺服驱动系统升/降频率和数控装置插补运算速度的约束，由于升/降频特性无法满足加工需要，故可能因主进给运动产生出的"超前"和"滞后"而导致部分螺牙的螺距不符合要求。

（3）车削螺纹必须通过主轴的同步运行功能实现，即车削螺纹需要有主轴脉冲发生器（编码器）。当其主轴转速选择过高时，编码器发出的定位脉冲（即主轴每转一周时所发出的一个基准脉冲信号）可能因"过冲"（特别是当编码器的质量不稳定时）而导致工件螺纹产生乱扣。

因此，车螺纹时，主轴转速的确定应遵循以下几个原则：

（1）在保证生产效率和正常切削的情况下，宜选择较低的主轴转速；

（2）当螺纹加工程序段中的导入长度 $\delta_1$ 和切出长度 $\delta_2$ 考虑比较充裕，即螺纹进给距离超过图样上规定螺纹的长度较大时，可选择适当高一些的主轴转速；

（3）当编码器规定的允许工作转速超过机床所规定主轴的最大转速时，可选择尽量高一些的主轴转速；

（4）通常情况下，车螺纹时的主轴转速（$n_{螺}$）应按其机床或数控系统说明书中规定的计算式进行确定，其计算式多为

$$n_{螺} \leqslant n_{允}/L(\text{r/min})$$

式中　$n_{允}$——编码器允许的最高工作转速（r/min）；

　　　$L$——工件螺纹的螺距（或导程，mm）。

（5）车螺纹时主轴转速的计算公式为

$$n \leqslant \frac{1\,200}{P} - K$$

式中　$P$——螺纹导程（螺距）；

　　　$K$——安全系数，一般为80。

### 四、仿真加工

**1. 螺纹加工刀具的选择**

单击刀库，在 3 号刀位上选择螺纹刀，再选择外螺纹加工刀，输入螺距 1.5 mm，刀柄长度为 50 mm。

**2. 螺纹刀的对刀操作**

（1）$X$ 向对刀。螺纹车刀的刀尖与工件已切削外圆接触，按"OFFSET SETTING"键，进入刀具偏置补偿画面，将光标放在 G03 行，输入直径值，按"测量"软键，系统自动计算出 $X$ 向坐标值，$X$ 向对刀完成。

（2）螺纹车刀的刀尖与工件右端面对齐，按"OFFSET SETTING"键，进入刀具偏置补偿画面，将光标放在 G03 行，输入"Z0"，按"测量"软键，系统自动计算出 $Z$ 向坐标值，$Z$ 向对刀完成。

**3. 仿真加工地脚螺栓**

在编辑模式下，单击"PROG"按键，输入地脚螺栓的加工程序，然后在自动运行的模式下执行程序。

# 五、实际加工

## （一）螺纹车刀的安装

安装螺纹车刀的步骤：

（1）将刀片放入刀体内；

（2）旋入螺钉，并拧紧；

（3）将刀杆装在刀架上；

（4）固定好刀杆。

安装螺纹车刀的注意事项：

（1）装夹外螺纹车刀时，应该使刀尖对准工件中心；

（2）车刀刀尖的对称中心线必须与工件轴线垂直；

（3）刀头不应该伸出太长，一般为刀杆厚度的 1.5 倍。

## （二）螺纹车刀的对刀

**1. $X$ 向对刀**

（1）手动选择螺纹车刀；

（2）设置主轴转速，按"手摇"键，转动手轮，使螺纹车刀的刀尖与工件已切削外圆表面接触；

（3）用卡尺测量已切削完的外径；

（4）输入 $X$ 向刀补参数：将光标移至 W03 行，输入"X36.8"，按"测量"软键。

**2. $Z$ 向对刀**

（1）按"手摇"键，转动手轮，使刀尖与工件右端面对齐；

（2）输入 $Z$ 向刀补参数：将光标移至 W03 行，输入"Z0"，按"测量"软键。

## （三）零件检测

使用螺纹环规检测外螺纹。环规检测外螺纹尺寸时用于限制通过的止端量规叫止规，用字母"Z"表示，如图 2-55 所示；环规检测外螺纹尺寸时用于通过的过端量规叫通规，用字母"T"表示，如图2-56所示。

图2-55 止规

图2-56 通规

## 任务实施

### 一、分析零件图样

该任务零件加工的表面主要有 $\phi$20 mm 的外圆和外螺纹，表面粗糙度为 $Ra$1.6 $\mu$m，与之前的任务相比，增加了螺纹的加工。

2.4.1 手机扫一扫，观看以上讲解资源。

### 二、制定数控加工工艺

**1. 加工方案**

（1）采用三爪自定心卡盘装夹，零件伸出卡盘65 mm。

（2）加工零件右侧外轮廓至尺寸。

（3）切断。

**2. 刀具的选择**

刀具卡片如表2-29所示。

表2-29 刀具卡片

| 序号 | 刀具号 | 刀具名称 | 数量 | 加工表面 | 刀尖半径 $R$/mm | 刀尖方位号 T |
| --- | --- | --- | --- | --- | --- | --- |
| 1 | T01 | 93°外圆车刀 | 1 | 粗精车外轮廓 | 0.4 | 3 |
| 2 | T02 | 4 mm 切槽刀 | 1 | 切断工件 | — | 3 |
| 3 | T03 | 60°螺纹车刀 | 1 | 粗精车螺纹 | | 3 |

### 3. 加工工序

加工工序如表 2-30 所示。

表 2-30 加工工序

| 工序号 | 工步内容 | 刀具号 | 主轴转速/(r·min$^{-1}$) | 进给量 $f$/(mm·r$^{-1}$) | 背吃刀量/mm |
|---|---|---|---|---|---|
| 1 | 粗车外轮廓，留余量 1 mm | T01 | 500 | 0.2 | 1.5 |
| 2 | 精车外轮廓至尺寸 | T01 | 1 000 | 0.1 | 0.5 |
| 3 | 粗、精加工螺纹 | T03 | 400 | 1.5 | |
| 4 | 切断 | T02 | 400 | 0.05 | 3.5 |

2.4.2 手机扫一扫，观看以上讲解资源。

## 三、编制数控加工程序

参考程序如表 2-31 所示。

表 2-31 参考程序

| 程序段 | 注释 |
|---|---|
| O2401; | 程序号 |
| G40 M03 S500; | 取消刀补，主轴正转，转速 500 r/min |
| T0101; | 换 1 号刀 |
| G00 G42 X40.0 Z5.0; | 刀具快速移到起刀点，引入刀具半径右补偿 |
| G71 U1.5 R0.5; | 定义粗车循环，切削深度 1.5 mm，退刀量 0.5 mm |
| G71 P10 Q20 U0.5 W0; | 精车路线由 N10～N20 指定，$X$ 向精车余量 0.5 mm，$Z$ 向 0 mm |
| N10 G00 X17; | 精车轮廓 |
| G01 Z0 F0.2; | |
| X20.0 Z1.5; | |
| N20 Z-50.0; | |
| G00 G40 X100.0 Z100.0; | 回换刀点，取消半径补偿 |
| M05; | 主轴停转 |
| M00; | 程序暂停 |

| 程序段 | 注释 |
|---|---|
| M03 S1000; | 主轴正转，转速 1 000 r/min |
| G00 G42 X40.0 Z5.0; | 刀具回到起刀点 |
| G70 P10 Q20; | 精车循环 |
| G00 G40 X100.0 Z100.0; | 回换刀点，取消刀具半径补偿 |
| M05; | 主轴停转 |
| M00; | 程序暂停 |
| T0303; | 换 3 号刀 |
| M03 S400; | 主轴正转，转速 400 r/min |
| G00 X21.0 Z5.0; | 快速进刀定位 |
| G76 P020060 Q50 R0.1; | 车螺纹 |
| G76 X18.05 Z−30.0 P975 Q400 F1.5; | |
| G00 X100.0 Z100.0; | 回换刀点 |
| M05; | 主轴停转 |
| M00; | 程序暂停 |
| T0202 M02 S200; | 换 2 号刀 |
| G00 X40.0 Z−64.0; | 快速进刀定位 |
| G01 X0 F0.05; | 进给率为 0.05 mm，切槽 |
| G00 X100.0 Z100.0; | 回换刀点 |
| M30; | 程序结束 |

2.4.3 手机扫一扫，观看以上讲解资源。

## 四、数控仿真加工零件

（1）启动软件；

（2）选择机床；

（3）回参考点；

（4）设置工件并安装；

（5）装刀；

（6）输入参考程序；

（7）模拟加工；

（8）对刀；

（9）自动加工；

（10）测量尺寸。

2.4.4 手机扫一扫，观看以上讲解资源。

# 五、数控实操加工零件

（1）系统启动；

（2）装夹并找正工件；

（3）装刀（T01）；

（4）输入参考程序；

（5）模拟加工；

（6）对刀；

（7）自动加工；

（8）测量尺寸。

2.4.5 手机扫一扫，观看以上讲解资源。

# 六、零件精度检测

（1）使用千分尺测量外径尺寸；

（2）使用游标卡尺测量长度尺寸；

（3）使用螺纹环规检测螺纹尺寸；

（4）使用粗糙度样板检测零件表面粗糙度。

## 🔄 能力测评

### 一、判断题

1. 车削螺纹时，在保证生产效率和正常切削的情况下选择主轴转速比较高的。（　　）

2. 安装螺纹车刀时，刀尖位置应对准工件中心，刀尖角的对称中心必须与工件垂直，

如果车刀装歪，则会产生牙型歪斜现象。 （ ）

3. 粗牙普通螺纹的代号用"M"及"公称直径×螺距"表示，如"M24×1.5"。

（ ）

4. G76 指令为非模态指令，所以必须每次指定。 （ ）

5. 法那克系统中，G76 指令只能用于圆柱螺纹的加工，不能用于圆锥螺纹的加工。

（ ）

6. G76 指令可以在 MDI 方式下使用。 （ ）

7. G76 指令中 F 是指螺纹的螺距。 （ ）

8. 用螺纹环规检测外螺纹工件时，若通规不通过、止规不通过，则工件的螺纹尺寸太小。 （ ）

**二、实操题**

参照图 2-57 编写加工程序。

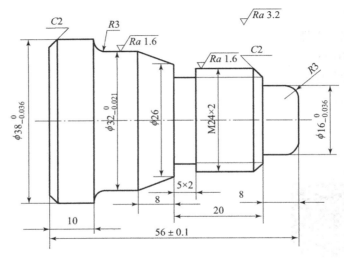

图 2-57 技能训练图

# 任务五 手柄的编程与加工

## 🔁 任务目标

**1. 知识目标**

（1）熟练运用 G73/G70、G02/G03、G41/G42/G40 指令；

（2）熟悉手柄零件的刀具选择、对刀操作与加工；

（3）熟悉手柄产品的检测方法。

**2. 能力目标**

（1）能使用仿真软件加工手柄；

（2）能操作数控车床加工手柄；

（3）能使用外径千分尺对外径尺寸进行测量。

## 任务描述

如图2-58所示根据零件图纸，在CK6150数控车床上单件小批量加工该零件。正确执行安全技术操作规程，按企业有关文明生产规定，做到工作地整洁，工件、工具摆放整齐。

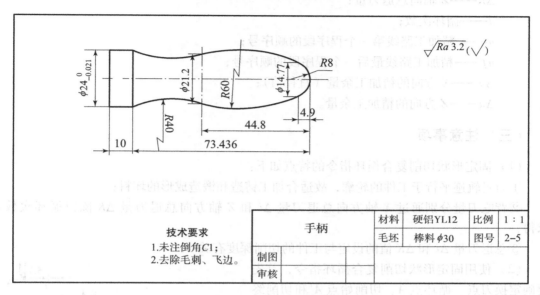

**技术要求**
1. 未注倒角C1；
2. 去除毛刺、飞边。

| 手柄 | | 材料 | 硬铝YL12 | 比例 | 1：1 |
|---|---|---|---|---|---|
| | | 毛坯 | 棒料φ30 | 图号 | 2-5 |
| 制图 | | | | | |
| 审核 | | | | | |

图2-58　手柄零件图

## 任务支持

### （一）固定形状切削复合循环指令G73指令功能

G73适合加工铸造、锻造成形的一类工件，如图2-59所示。

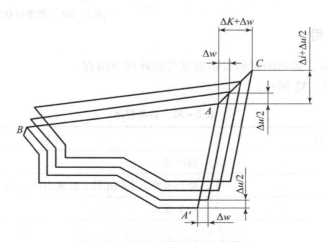

图2-59　固定形状切削复合循环

## （二）指令格式

G73 U($\Delta i$) W($\Delta K$) R($d$);

G73 P($ns$) Q($nf$) U($\Delta u$) W($\Delta w$) F($f$) S($s$) T($t$);

程序中，$\Delta i$——$X$ 轴向总退刀量（半径值）；

$\quad\quad\quad\quad$ $\Delta K$——$Z$ 轴向总退刀量；

$\quad\quad\quad\quad$ $d$——循环次数；

$\quad\quad\quad\quad$ $ns$——精加工路线第一个程序段的顺序号；

$\quad\quad\quad\quad$ $nf$——精加工路线最后一个程序段的顺序号；

$\quad\quad\quad\quad$ $\Delta u$——$X$ 方向的精加工余量（直径值）；

$\quad\quad\quad\quad$ $\Delta w$——$Z$ 方向的精加工余量。

## （三）注意事项

（1）固定形状切削复合循环指令的特点如下：

①刀具轨迹平行于工件的轮廓，故适合加工铸造和锻造成形的坯料；

②背吃刀量分别通过 $X$ 轴方向总退刀量 $\Delta i$ 和 $Z$ 轴方向总退刀量 $\Delta K$ 除以循环次数 $d$ 求得；

③总退刀量 $\Delta i$ 和 $\Delta K$ 值的设定与工件的切削深度有关。

（2）使用固定形状切削复合循环指令，首先要确定换刀点、循环点 $A$、切削始点 $A'$ 和切削终点 $B$ 的坐标位置。分析图 2-60，$A$ 点为循环点，$A' \to B$ 是工件的轮廓线，$A \to A' \to B$ 为刀具的精加工路线，粗加工时刀具从 $A$ 点后退至 $C$ 点，后退距离分别为 $\Delta i + \Delta u/2$、$\Delta K + \Delta w$，这样粗加工循环之后自动留出精加工余量 $\Delta u/2$、$\Delta w$。

（3）顺序号 $ns$ 至 $nf$ 之间的程序段描述刀具切削加工的路线。

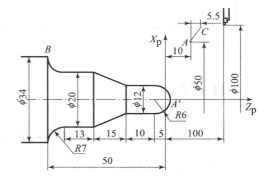

图 2-60　固定形状切削复合循环例题

## （四）指令应用

如图 2-60 所示，运用固定形状切削复合循环指令编程。

参考程序如表 2-32 所示。

表 2-32　参考程序

| 程序段 | 注释 |
| --- | --- |
| O2060; | 程序名 |
| MO3 S500; | 取消刀补，主轴正转，转速 500 r/min |
| T0101; | 换 1 号刀 |

| 程序段 | 注释 |
|---|---|
| G00 X50 Z2; | 至循环起刀点 |
| G73 U18 W5 R10; | 定义粗车循环 |
| G73 P10 Q20 U0.5 W0 F100; | 精车路线由 N10 ~ N20 指定，$X$ 向精车余量 0.5 mm，$Z$ 向 0 mm |
| N10 G00 X0; | |
| G01 Z0 F0.2; | |
| G03 X12 W - 6 R6; | |
| G01 W - 10; | 精车轮廓 |
| X20 W - 15; | |
| W - 13; | |
| G02 X34 W - 7 R7; | |
| N20 X36; | |
| T0101; | 调转刀具 |
| M03 S900; | 提高转速 |
| G70 P10 Q20; | 精车轮廓 |
| G00 X100.0 Z100.0; | 回换刀点 |
| M30; | 程序结束 |

## 🔁 任务实施

## 一、分析零件图样

### 1. 几何精度分析

零件图中直径方向有尺寸精度要求的尺寸是 $\phi24_{-0.021}^{0}$ mm，其他表面都是圆弧面，查阅标准公差数值表可知，尺寸精度等级为 IT8 级，精度要求为中等精度。零件图样中无几何公差要求。

### 2. 结构分析

读零件图可知，该零件的加工内容有 $R8$ mm、$R60$ mm、$R40$ mm 的圆弧面，$\phi24_{-0.021}^{0}$ mm 的圆柱面虽然尺寸精度要求不高，但是含有圆弧面等复杂型面，故适合在数控车床上加工。

## 二、制定数控加工工艺

### 1. 加工方案的确定

（1）装夹方案：采用三爪自定心卡盘装夹工件。

（2）加工方法：零件图中表面粗糙度值为 3.2 μm，查阅外圆表面加工方法，采用粗车—精车的加工方法加工该零件。

**2. 确定加工顺序**

根据基准统一、先粗后精的加工原则，先粗车右端各个圆弧面，然后精车各个圆弧面和圆柱面，达到零件图的技术要求。

**3. 刀具的选择**

加工刀具卡片如表 2-33 所示。

表 2-33　加工刀具卡片

| 零件名称 | | 手柄 | | 零件图号 | | 2-5 | |
|---|---|---|---|---|---|---|---|
| 序号 | 刀具号 | 刀具名称 | 数量 | 加工表面 | 刀尖半径 /mm | 刀尖方位号 T | 备注 |
| 1 | T01 | 93°外圆车刀 | 1 | 端面，粗精车外轮廓 | 0.4 | 3 | |
| 2 | T02 | 4 mm 切槽刀 | 1 | 切断 | 0 | 3 | |

**4. 切削用量的选择**

（1）背吃刀量 $a_p$ 的选择。

①粗加工时：根据机床、工件和刀具的刚度确定，根据生产经验取背吃刀量 $a_p = 1.5$ mm；

②精加工时：根据背吃刀量参考值取背吃刀量 $a_p = 0.3$ mm。

（2）进给量 $f$ 的选择。

①粗加工时：须查阅进给量参考值，取 $f = 0.4$ mm/r；

②精加工时：须查阅进给量参考值，取 $f = 0.15$ mm/r。

（3）切削速度 $v_c$ 的选择。

①粗加工时：须查阅切削速度参考值，取 70～90 m/min；

②精加工时：须查阅切削速度参考值，取 100～130 m/min。

（4）主轴转速 $n$。

主轴转速计算公式为

$$n = \frac{1\ 000 v_c}{\pi d}$$

粗车时主轴转速为

$$\frac{1\ 000 \times 70}{\pi \times 30} \leqslant n \leqslant \frac{1\ 000 \times 90}{\pi \times 30}$$

得

$$743 \leqslant n \leqslant 955$$

精车时主轴转速为

$$\frac{1\ 000 \times 100}{\pi \times 30} \leqslant n \leqslant \frac{1\ 000 \times 130}{\pi \times 30}$$

得

$$1\ 061 \leqslant n \leqslant 1\ 380$$

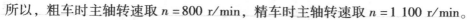

所以，粗车时主轴转速取 $n = 800$ r/min，精车时主轴转速取 $n = 1\,100$ r/min。

**5. 填写数控加工工序卡**

数控加工工序卡如表 2 - 34 所示。

表 2 - 34　数控加工工序卡

| 数控车床加工工序卡 | | 产品名称或代号 | 零件名称 | | 零件图号 |
|---|---|---|---|---|---|
| | | | 手柄 | | 2 - 5 |
| 单位名称 | | 夹具名称 | 使用设备 | | 车间 |
| | | 三爪卡盘 | CK6150 数控车床 | | 数控实训室 |
| 序号 | 工艺内容 | 刀具号 | 刀具规格/mm | 主轴转速 $n$/($r \cdot min^{-1}$) | 进给量 $f$/($mm \cdot r^{-1}$) | 背吃刀量 $a_p$/mm | 刀片材料 | 程序编号 | 量具 |
|---|---|---|---|---|---|---|---|---|---|
| 1 | 手动车左端面，含 $Z$ 向对刀 | T01 | 25×25 | 300 | — | 1 | 硬质合金 | | 游标卡尺 |
| 2 | 粗车外轮廓 | T01 | 25×25 | 800 | 0.4 | 1.5 | 硬质合金 | O2501 | 游标卡尺 |
| 3 | 精车外轮廓 | T01 | 25×25 | 1 100 | 0.15 | 0.3 | 硬质合金 | O2501 | 千分尺 |
| 4 | 切断 | T02 | 25×25 | 300 | 0.05 | 4 | 硬质合金 | | 游标卡尺 |
| 编制 | | 审核 | | | 批准 | | | | |

## 三、编制数控加工程序

参考程序如表 2 - 35 所示。

表 2 - 35　参考程序

| 程序段 | 注释 |
|---|---|
| O2501; | 程序名 |
| G40 M03 S800; | 取消刀补，主轴正转，转速 800 r/min |
| T0101; | 换 1 号刀 |
| G00 G42 X30.0 Z5.0; | 刀具快速移到起刀点，引入刀具半径右补偿 |
| G73 U15 W0 R10; | 定义粗车循环，切削深度 1.5 mm，退刀量 0.5 mm |
| G73 P10 Q20 U0.3 W0 F0.4; | 精车路线由 N10～N20 指定，$X$ 向精车余量 0.3 mm，$Z$ 向 0 mm |
| N10 G00 X0; | |
| G01 Z0 F0.15; | |
| G03 X14.77 Z - 4.9 R8; | |
| X21.2 Z - 44.8 R60; | 精车轮廓 |
| G02 X24 Z - 73.436 R40; | |
| G01 W - 10; | |
| N20 X30; | |

| 程序段 | 注释 |
| --- | --- |
| G00 G40 X100.0 Z100.0; | 回换刀点，取消半径补偿 |
| M05; | 主轴停转 |
| M00; | 程序暂停 |
| M03 S1100; | 主轴正转，转速 1 100 r/min |
| G00 G42 X40.0 Z5.0; | 刀具回到起刀点 |
| G70 P10 Q20; | 精车循环 |
| G00 G40 X100.0 Z100.0; | 回换刀点，取消刀具半径补偿 |
| M05; | 主轴停转 |
| M00; | 程序暂停 |
| T0202; | 换 2 号刀 |
| G00 X30.0 Z-87.5; | 快速进刀定位 |
| G01 X0 F0.05; | 进给率为 0.05 mm，切断 |
| G00 X100.0 Z100.0; | 回换刀点 |
| M30; | 程序结束 |

## 四、数控仿真加工零件

（1）启动软件；

（2）选择机床；

（3）回参考点；

（4）设置工件并安装；

（5）装刀；

（6）输入参考程序；

（7）模拟加工；

（8）对刀；

（9）自动加工；

（10）测量尺寸。

## 五、数控实操加工零件

（1）系统启动；

（2）装夹并找正工件；

（3）装刀（T01）；

（4）输入参考程序；

（5）模拟加工；

（6）对刀；

（7）自动加工；

（8）测量尺寸。

# 六、零件精度检测

（1）使用千分尺检测外径尺寸。

（2）使用游标卡尺检测长度尺寸。

（3）使用半径规检测圆弧尺寸。

（4）使用粗糙度样板检测零件表面粗糙度。

## 能力测评

### 一、选择题

1. 圆弧插补指令"G03 X_ Y_ R_;"中，"X""Y"后的值表示圆弧的（　　）。

A. 起点坐标值　　　　　　B. 终点坐标值　　　　　　C. 圆心坐标相对于起点的值

2. "G02 X20 Y20 R−10 F100;"所加工的一般是（　　）。

A. 整圆　　　　　　　　B. 夹角≤180°的圆弧

C. 180°<夹角<360°的圆弧

3. 圆弧插补方向（顺时针和逆时针）的规定与（　　）有关。

A. $X$ 轴　　　　　　　　B. $Z$ 轴

C. 不在圆弧平面内的坐标轴

4. 切削的三要素有进给量、切削深度和（　　）。

A. 切削厚度　　　　　　B. 切削速度

C. 进给速度

5. 程序中指定了（　　）时，刀具半径补偿被撤销。

A. G40　　　　　　　B. G41　　　　　　　C. G42

### 二、判断题

1. 在圆弧插补中，对于整圆，其起点和终点相重合，用 R 编程无法定义，所以只能用圆心坐标编程。　　　　　　　（　　）

2. 顺时针圆弧插补（G02）和逆时针圆弧插补（G03）的判别方向是：沿着不在圆弧平面内的坐标轴正方向向负方向看去，顺时针方向为 G02，逆时针方向为 G03。（　　）

3. 固定形状切削复合循环指令 G73 适合加工铸造、锻造成形的工件。　（　　）

4. 在圆弧插补中，对于整圆，其起点和终点相重合，用 R 编程无法定义，所以只能用圆心坐标编程。　　　　　　　（　　）

5. 外圆粗车循环方式适合于棒料毛坯除去较大余量的切削。　　　　　　　（　　　）

**三、实操题**

参照图 2-61 编写加工程序。

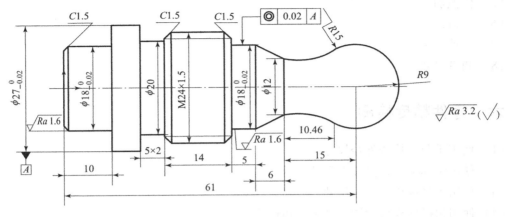

图 2-61　技能训练图

# 任务六　球头心轴的编程与加工

## 🔁 任务目标

**1. 知识目标**

（1）熟练运用 G32、G92 指令编制螺纹加工程序；

（2）熟悉球头心轴零件的刀具选择、对刀操作与加工；

（3）熟悉球头心轴产品的检测方法。

**2. 能力目标**

（1）能够使用仿真软件加工球头心轴。

（2）能够操作数控车床加工球头心轴。

（3）能够使用外径千分尺、螺纹环规等量具检测零件的尺寸。

## 🔁 任务描述

根据如图 2-62 所示零件图纸，在 CK6150 数控车床上单件小批量加工该零件。正确执行安全技术操作规程，按企业有关文明生产规定，做到工作地整洁，工件、工具摆放整齐。

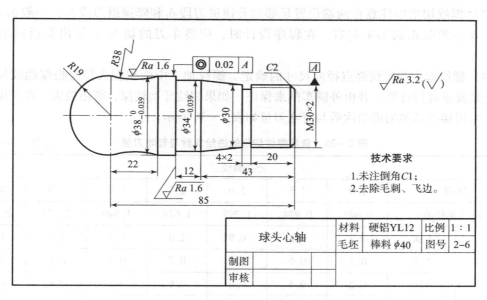

图 2 − 62 球头心轴零件图

## 任务支持

# 一、单行程螺纹切削指令 G32

### 1. 指令功能

G32 指令能够切削加工圆柱螺纹、圆锥螺纹和端面螺纹等。该指令可以执行单行程螺纹切削，车刀进给运动严格根据输入的螺纹导程进行。但是，车刀的切入、切出、返回均需输入程序。

### 2. 指令格式

G32 X(U)＿Z(W)＿F＿;

### 3. 指令说明

格式中的 X（U）、Z（W）为螺纹终点坐标，F 为螺距，即以螺纹长度 $L$ 给出的每转进给率。$L$ 表示螺纹导程，对于圆锥螺纹（图 2 − 63），其斜角 $\alpha$ 在 45° 以下时，螺纹导程以 $Z$ 轴方向指定；斜角 $\alpha$ 在 45° ~ 90° 时，以 $X$ 轴方向指定。

（1）圆柱螺纹切削加工时，X、U 值可以省略，格式为：

G32 Z(W)＿F＿;

（2）端面螺纹切削加工时，Z、W 值可以省略，格式为：

G32 X(U)＿F＿;

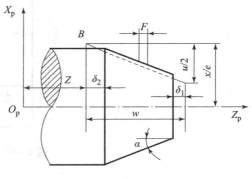

图 2 − 63 螺纹切削

（3）螺纹切削应注意在两端设置足够的升速进刀段 $\delta_1$ 和降速退刀段 $\delta_2$，一般 $\delta_1$ 为 2 ~ 5 mm，$\delta_2$ 一般取 $\delta_1$ 的 1/4 左右。在程序设计时，应将车刀的切入、切出和返回编入程序中。

（4）螺纹起点与螺纹终点径向尺寸的确定。螺纹加工中的编程大径应根据螺纹尺寸标注和公差要求进行计算，并由外圆车削来保证。如果螺纹牙型较深，螺距较大，可采用分层切削。常用螺纹切削的进给次数与背吃刀量如表 2 - 36 所示。

表 2 - 36　常用螺纹切削的进给次数与背吃刀量　　　　　　　　　（单位：mm）

| 公制螺纹 | | | | | | | |
|---|---|---|---|---|---|---|---|
| 螺距 | 1.0 | 1.5 | 2.0 | 2.5 | 3.0 | 3.5 | 4.0 |
| 牙深（半径值） | 0.649 | 0.974 | 1.299 | 1.624 | 1.949 | 2.273 | 2.598 |
| 背吃刀量及进给次数 1 次 | 0.7 | 0.8 | 0.9 | 1.0 | 1.2 | 1.5 | 1.5 |
| 2 次 | 0.4 | 0.6 | 0.6 | 0.7 | 0.7 | 0.7 | 0.8 |
| 3 次 | 0.2 | 0.4 | 0.6 | 0.6 | 0.6 | 0.6 | 0.6 |
| 4 次 | | 0.16 | 0.4 | 0.4 | 0.4 | 0.6 | 0.6 |
| 5 次 | | | 0.1 | 0.4 | 0.4 | 0.4 | 0.4 |
| 6 次 | | | 0.15 | 0.4 | 0.4 | 0.4 | 0.4 |
| 7 次 | | | | 0.2 | 0.2 | 0.2 | 0.4 |
| 8 次 | | | | | 0.15 | 0.3 |
| 9 次 | | | | | | | 0.2 |

**4. 指令应用**

如图 2 - 64 所示，加工 M30 × 1.5 的圆柱螺纹，螺纹外径已加工完成，螺纹导程为 1.5 mm，$\delta_1 = 4$ mm，$\delta_2 = 1$ mm，试利用 G32 指令编写螺纹的加工程序。

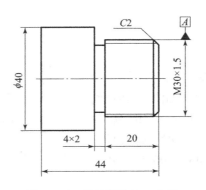

图 2 - 64　圆柱螺纹加工应用

图 2 - 64 的加工程序如表 2 - 37 所示。

表 2－37　圆柱螺纹加工程序

| 程序段 | 注释 |
| --- | --- |
| O2064; | 程序名 |
| T0101; | 调用 1 号刀具（外螺纹车刀） |
| M03 S500; | 主轴正转 |
| M08; | 开切削液 |
| G00 X29.2 Z4; | 至螺纹第一进刀点 |
| G32 Z－21 F1.5; | 螺纹切削 1 次 |
| G00 X32; | 退刀 |
| Z4; | 定位 |
| X28.6; | 至螺纹第二进刀点 |
| G32 Z－21; | 螺纹切削 2 次 |
| G00 X32; | 退刀 |
| Z4; | 定位 |
| X28.2; | 至螺纹第三进刀点 |
| G32 Z－21; | 螺纹切削 3 次 |
| G00 X32; | 退刀 |
| Z4; | 定位 |
| X28.04; | 至螺纹第四进刀点 |
| G32 Z－21; | 螺纹切削 4 次 |
| G00 X32; | 退刀 |
| X100 Z100; | 至起刀点 |
| M30; | 程序结束 |

## 二、螺纹切削循环指令 G92

### 1. 指令功能

G92 指令可以切削圆柱螺纹和圆锥螺纹，刀具从循环起点，按图 2－65 与图 2－66 所示的走刀路线，最后返回到循环起点，图中虚线表示按 R 快速移动，实线表示按 F 指定的进给速度移动。

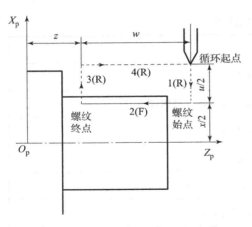

图 2-65 切削圆柱螺纹

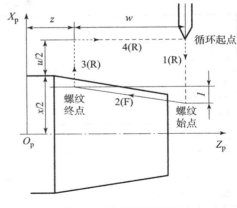

图 2-66 切削锥螺纹

**2. 指令格式**

G92　X(U)_Z(W)_R_F_;

**3. 指令说明**

（1）X、Z 表示螺纹终点坐标值；

（2）U、W 表示螺纹终点相对循环起点的坐标增量值；

（3）R 表示锥螺纹始点与终点在 X 轴方向的坐标增量（半径值），圆柱螺纹切削循环时 R 为零，可省略；

（4）F 表示螺纹的导程。

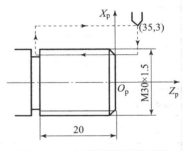

图 2-67 切削圆柱螺纹例题

**4. 指令应用**

（1）如图 2-67 所示，运用圆柱螺纹切削循环指令编程。

图 2-67 所示零件的加工程序如表 2-38 所示。

表 2-38　圆柱螺纹加工程序

| 程序段 | 注释 |
| --- | --- |
| O2067; | 程序名 |
| T0101; | 调用 1 号刀具（外螺纹车刀） |
| M03 S500; | 主轴正转 |
| M08; | 开切削液 |
| G00 X35 Z2; | 至螺纹第一进刀点 |
| G92 X29.2 Z-21 F1.5; | 螺纹切削 1 次 |
| X28.6 | 螺纹切削 2 次 |
| X28.2; | 螺纹切削 3 次 |
| X28.04; | 螺纹切削 4 次 |
| G00 X100 Z100; | 至起刀点 |
| M30; | 程序结束 |

（2）如图 2 – 68 所示，运用锥螺纹切削循环指令编程。

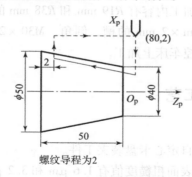

图 2 – 68　切削锥螺纹例题

图 2 – 68 所示零件的加工程序如表 2 – 39 所示。

表 2 – 39　圆锥螺纹加工程序

| 程序段 | 注释 |
| --- | --- |
| O2068; | 程序名 |
| T0101; | 调用 1 号刀具（外螺纹车刀） |
| M03 S500; | 主轴正转 |
| M08; | 开切削液 |
| G00 X50 Z2; | 至螺纹第一进刀点 |
| G92 X49.1 Z – 48 R – 5 F2; | 螺纹切削 1 次 |
| X48.5 | 螺纹切削 2 次 |
| X47.9; | 螺纹切削 3 次 |
| X47.5; | 螺纹切削 4 次 |
| X47.4; | 螺纹切削 5 次 |
| G00 X100 Z100; | 至起刀点 |
| M30; | 程序结束 |

## 任务实施

## 一、分析零件图样

### 1. 几何精度分析

零件图中直径方向有尺寸精度要求的尺寸有两个，分别是圆柱面直径 $\phi 38_{-0.039}^{0}$ mm 和 $\phi 34_{-0.039}^{0}$ mm，查阅标准公差数值表可知，两个尺寸精度等级均为 IT8 级，精度要求为中等精度。零件图样中有一个几何公差要求，即 ⊚ 0.02 $A$ ，其含义是要求 $\phi 38$ mm 的轴线与 M30 的螺纹轴线同轴度公差为 0.02 mm。

**2. 结构分析**

读零件图可知，该零件的加工内容有 $R19$ mm 和 $R38$ mm 的圆弧面，$\phi38$ mm、$\phi34$ mm、$\phi30$ mm 的圆柱面及锥面，4 mm × 2 mm 的槽，倒角，M30 × 2 的螺纹，由于尺寸精度要求高，故各个加工内容都应在数控车床上加工。

# 二、制定数控加工工艺

**1. 加工方案的确定**

（1）装夹方案：采用三爪自定心卡盘装夹工件。

（2）加工方法：零件图中表面粗糙度值有 1.6 μm 和 3.2 μm，查阅外圆表面加工方法，采用粗车—精车的加工方法。

**2. 确定加工顺序**

工步 1：根据基准统一、先粗后精的加工原则，先用外圆粗车刀粗车右端面、$\phi30$ mm 外圆及圆锥、$\phi34$ mm 外圆和 $\phi38$ mm 外圆，后用外圆精车刀精车 $\phi30$ mm 外圆及圆锥、$\phi34$ mm 外圆和 $\phi38$ mm 外圆及倒角，然后用切槽刀车 4 mm × 2 mm 的退刀槽，最后用螺纹车刀车 M30 的外螺纹，达到零件图的技术要求。

工步 2：掉头装夹工件，使用铜皮包裹 $\phi34$ mm 外圆进行装夹，先粗车左端面保证总长，后粗、精车 $R19$ mm 的圆弧面和 $R38$ mm 的圆弧面，达到零件图的技术要求。

**3. 刀具的选择**

加工刀具卡片如表 2 - 40 所示。

表 2 - 40　加工刀具卡片

| 零件名称 | | 球头心轴 | | 零件图号 | | 2 - 6 | |
|---|---|---|---|---|---|---|---|
| 序号 | 刀具号 | 刀具名称 | 数量 | 加工表面 | 刀尖半径/mm | 刀尖方位号 T | 备注 |
| 1 | T01 | 93°外圆粗车刀 | 1 | 端面，粗车外轮廓 | 0.4 | 3 | |
| 2 | T02 | 93°外圆精车刀 | 1 | 端面，精车外轮廓 | 0.4 | 3 | |
| 3 | T03 | 4 mm 切槽刀 | 1 | 切槽 | | 3 | |
| 4 | T04 | 外螺纹车刀 | 1 | 车外螺纹 | | 3 | |

**4. 切削用量的选择**

（1）背吃刀量 $a_p$ 的选择。

①粗加工时：根据机床、工件和刀具的刚度确定，根据生产经验取背吃刀量 $a_p = 1.5$ mm；

②精加工时：根据背吃刀量参考值取背吃刀量 $a_p = 0.3$ mm。

（2）进给量 $f$ 的选择。

①粗加工时：须查阅进给量参考值，取 $f = 0.4$ mm/r；

②精加工时：须查阅进给量参考值，取 $f = 0.2$ mm/r。

（3）切削速度 $v_c$ 的选择。

①粗加工时：须查阅切削速度参考值，取 70 ~ 90 m/min；

②精加工时：须查阅切削速度参考值，取 $100 \sim 130$ m/min。

（4）主轴转速 $n$。

主轴转速计算公式为

$$n = \frac{1\ 000 v_c}{\pi d}$$

粗车时主轴转速为

$$\frac{1\ 000 \times 70}{\pi \times 40} \leqslant n \leqslant \frac{1\ 000 \times 90}{\pi \times 40}$$

得

$$557 \leqslant n \leqslant 717$$

精车时主轴转速为

$$\frac{1\ 000 \times 100}{\pi \times 40} \leqslant n \leqslant \frac{1\ 000 \times 130}{\pi \times 40}$$

得

$$796 \leqslant n \leqslant 1\ 035$$

车螺纹时主轴转速为

$$n \leqslant \frac{1\ 200}{P} - K$$

式中　$P$——螺纹导程（螺距）；

　　　　$K$——安全系数，一般为 $80$。

计算得

$$n \leqslant 520$$

所以，粗车时主轴转速取 $n = 650$ r/min，精车时主轴转速取 $n = 900$ r/min，车螺纹时主轴转速取 $n = 500$ r/min。

**5. 填写数控加工工序卡**

数控加工工序卡如表 2-41 所示。

表 2-41　数控加工工序卡

| 数控车床加工工序卡 | | 产品名称或代号 | | 零件名称 | | 零件图号 | | | |
|---|---|---|---|---|---|---|---|---|---|
| | | | | 球头心轴 | | 2-6 | | | |
| 单位名称 | | 夹具名称 | | 使用设备 | | 车间 | | | |
| ××× | | 三爪卡盘 | | CK6150 数控车床 | | 数控实训室 | | | |
| 序号 | 工艺内容 | 刀具号 | 刀具规格/mm | 主轴转速 $n$/(r·min$^{-1}$) | 进给量 $f$/(mm·r$^{-1}$) | 背吃刀量 $a_p$/mm | 刀片材料 | 程序编号 | 量具 |
| 1 | 手动车右端面，含 $Z$ 向对刀 | T01 | 25×25 | 300 | | 1 | 硬质合金 | | 游标卡尺 |
| 2 | 粗车右端外圆 | T01 | 25×25 | 650 | 0.4 | 1.5 | 硬质合金 | O2601 | 游标卡尺 |
| 3 | 精车右端外圆 | T02 | 25×25 | 900 | 0.2 | 0.3 | 硬质合金 | O2601 | 千分尺 |

续表

| 数控车床加工工序卡 | | | | 产品名称或代号 | | 零件名称 | | 零件图号 | |
|---|---|---|---|---|---|---|---|---|---|
| | | | | | | 球头心轴 | | 2－6 | |
| 单位名称 | | | | 夹具名称 | | 使用设备 | | 车间 | |
| ×××| | | | 三爪卡盘 | | CK6150 数控车床 | | 数控实训室 | |
| 序号 | 工艺内容 | 刀具号 | 刀具规格/mm | 主轴转速 n/（r·min$^{-1}$） | 进给量 f/（mm·r$^{-1}$） | 背吃刀量 $a_p$/mm | 刀片材料 | 程序编号 | 量具 |
| 4 | 车退刀槽 | T03 | 25×25 | 300 | 0.05 | 1 | 硬质合金 | O2601 | 游标卡尺 |
| 5 | 车螺纹 | T04 | 25×25 | 500 | 1.5 | 递减 | 硬质合金 | O2601 | 螺纹环规 |
| 6 | 掉头装夹，手动车左端面，含 Z 向对刀 | T02 | 25×25 | 300 | | 1 | 硬质合金 | | 游标卡尺 |
| 7 | 粗车左端圆弧面 | T02 | 25×25 | 650 | 0.4 | 1.5 | 硬质合金 | O2601 | 游标卡尺 |
| 8 | 精车左端圆弧面 | T02 | 25×25 | 900 | 0.2 | 0.3 | 硬质合金 | O2601 | 千分尺 |
| 编制 | | | 审核 | | | 批准 | | | |

## 三、编制数控加工程序

（1）右端轮廓的加工程序如表 2－42 所示。

表 2－42　粗精加工右端轮廓程序

| 程序段 | 注释 |
|---|---|
| O2601； | 程序名 |
| T0101； | 调用 1 号刀具 |
| M03 S650； | 主轴正转 |
| M08； | 开切削液 |
| G00 X42 Z2； | 至循环起刀点 |
| G71 U1.5 R0.5； | 定义粗车循环 |
| G71 P10 Q20 U0.3 W0 F0.4； | |
| N10 G00 X25.8； | 精车轮廓 |
| G01 Z0 F0.2； | |
| X29.80 Z－2； | |
| Z－24； | |
| X30； | |
| X34 Z－43； | |

续表

| 程序段 | 注释 |
| --- | --- |
| W -12； | |
| X38； | 精车轮廓 |
| W -10； | |
| N20 X40； | |
| G00 X100 Z100； | 回换刀点 |
| M05； | 主轴停止 |
| M00； | 程序暂停 |
| T0202； | 调用 2 号刀具 |
| M03 S900； | 主轴正转 |
| G00 G42 Z2； | 至循环起刀点 |
| G70 P10 Q20 ； | 精车循环 |
| G00 X100 Z100； | 回换刀点 |
| M05； | 主轴停止 |
| M00； | 程序暂停 |
| T0303； | 调用 3 号刀具 |
| M03 S300； | 主轴正转 |
| G00 Z -24； | 快速进刀定位 |
| X32； | |
| G01 X26 F0.05； | 切槽 |
| X32； | |
| G00 X100 Z100； | 回换刀点 |
| M05； | 主轴停止 |
| M00； | 程序暂停 |
| T0404； | 调用 4 号刀具 |
| M03 S500； | 快速进刀定位 |
| G00 X30 Z3； | |
| G92 X29.1 Z -21 F2； | |
| X28.5； | 车螺纹 |
| X28.1； | |
| X28.05； | |
| G00 X100； | 回换刀点 |
| Z100； | |
| M30； | 程序结束 |

（2）左端轮廓的加工程序如表 2 - 43 所示。

表 2 - 43　粗精加工左端轮廓程序

| 程序段 | 注释 |
|---|---|
| O2602; | 程序名 |
| M03 S650; | 主轴正转 |
| T0202; | 选择 2 号刀具 |
| M08; | 开切削液 |
| G00 X42 Z0; | 至端面延长线上 |
| G01 X0 F0.2; | 平端面 |
| G00 Z2; | 退刀 |
| X42; | 至循环起刀点 |
| G73 U20 W0 R10; | 粗车循环 |
| G73 P10 Q20 U0.3 W0 F0.4; | |
| N10 G00 X0; | 精车轮廓 |
| G01 Z0 F0.2; | |
| G03 X38 Z - 19 R19; | |
| G02 X38 Z - 41 R38; | |
| N20 G01 X40; | |
| G00 X100 Z100; | 回换刀点 |
| M05; | 主轴停止 |
| M00; | 程序暂停 |
| M03 S900 T0202; | 主轴正转 |
| G00 X42 Z2; | 至循环起刀点 |
| G70 P10 Q20; | 精车循环 |
| G00 X100 Z100; | 回换刀点 |
| M30; | 程序结束 |

## 四、数控仿真加工零件

（1）启动软件；

（2）选择机床；

（3）回参考点；

（4）设置工件并安装；

（5）装刀；

（6）输入参考程序；

（7）模拟加工；

（8）对刀；

（9）自动加工；

（10）测量尺寸。

## 五、数控实操加工零件

（1）系统启动；

（2）装夹并找正工件；

（3）装刀（T01）；

（4）输入参考程序；

（5）模拟加工；

（6）对刀；

（7）自动加工；

（8）测量尺寸。

## 六、零件精度检测

（1）使用千分尺检测外径尺寸；

（2）使用游标卡尺检测长度尺寸；

（3）使用螺纹环规检测螺纹尺寸；

（4）使用半径规检测圆弧尺寸；

（5）使用粗糙度样板检测零件表面粗糙度。

## 🍀 能力测评

参照图 2 – 69 和图 2 – 70 编写加工程序。

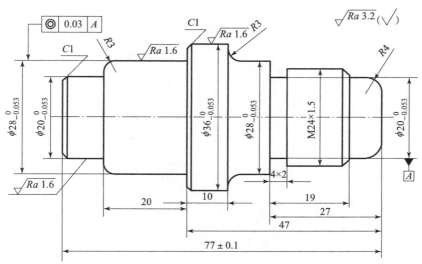

**图 2 – 69　技能训练图**

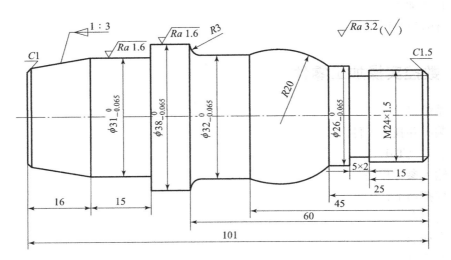

图 2-70　技能训练图

# 项目三　盘、套、盖类零件的数控车削加工

## 任务一　轴承套的编程与加工

### 任务目标

**1. 知识目标**

（1）掌握 G71/G41 指令在内孔零件程序编制中的使用方法；

（2）掌握套筒类零件的加工工艺（刀具的选择、对刀操作及加工）；

（3）了解套筒类零件产品的检测。

**2. 技能目标**

（1）能够分析图纸设计加工方案以及编程加工轴承套；

（2）能够运用数控仿真软件仿真加工轴承套；

（3）能够运用数控车床加工轴承套；

（4）能够使用游标卡尺、外径千分尺和内径千分尺等量具检测零件尺寸。

### 任务描述

根据如图 3-1 所示零件图纸，在 CK6150 数控车床上单件小批量加工该零件。正确执行安全技术操作规程，按企业有关文明生产规定，做到工作地整洁，工件、工具摆放整齐。

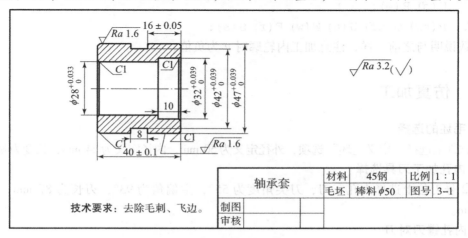

图 3-1　轴承套零件图

# 任务支持

## 一、编程知识

### 1. 刀具补偿

（1）刀尖方位号 T。

外圆车刀刀尖方位号 T 为 3；

内孔车刀刀尖方位号 T 为 2。

（2）刀具半径补偿指令判定。

前置刀架右偏刀判定原则：顺着刀具运动方向看，工件在刀具的右边称为右补偿，使用 G42 刀具半径右补偿指令，如图 3 - 2（a）所示；工件在刀具的左边称为左补偿，使用 G41 刀具半径左补偿指令，如图 3 - 2（b）所示。

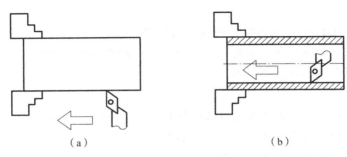

（a）                          （b）

**图 3 - 2　G41、G42 判定**

（a）G42；（b）G41

指令格式：

G41/G42　G00/G01　X__ Z__ ;

### 2. G71 粗车循环指令

G71　U(d) R(e);

G71　P(ns) Q(nf) U(u) W(w) F(f) S(s);

参数说明与之前一样，注意加工内轮廓时 $u$ 为负值；

## 二、仿真加工

### 1. 毛坯的选择

在软件上选择"定义毛坯"选项，外径定义为 50 mm，内径定义为 24 mm，长度为 80 mm。

### 2. 内孔加工刀具选择

在 2 号刀位上选择内孔车刀，刀尖角度为 55°，主偏角为 93°，刃长为 87 mm，刀柄长为 50 mm。

### 3. 内孔镗刀对刀

（1）试切内孔。在空白处右击，显示快捷菜单，选择"剖面显示"选项。

（2）测量试切直径。

（3）设置 $X$ 向补正。

（4）试切断面。

（5）设置 $Z$ 向补正。

## 三、实际加工

### 1. 套筒零件常用刀具及麻花钻的安装

（1）中心钻、麻花钻及安装用钻夹头、变径套，如图 3 - 3 所示。

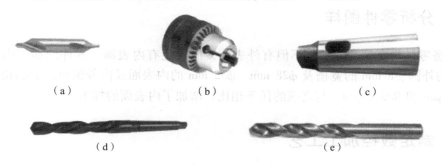

（a）　　　　　　　　　　（b）　　　　　　　　　　（c）

（d）　　　　　　　　　　　　　　　　（e）

**图 3 - 3　中心钻、麻花钻及安装用钻夹头、变径套**

（a）中心钻；（b）钻夹头；（c）变径套；（d）锥柄钻头；（e）直柄钻头

（2）麻花钻的安装。

①在一般情况下，直柄麻花钻用钻夹头装夹，再将钻夹头的锥柄插入车床尾座锥孔内；

②锥柄麻花钻可以直接或者用莫式过渡锥柄（变径套）插入车床尾座锥孔内。

### 2. 钻孔加工操作

（1）加工过程：首先车端面，然后钻中心孔，最后钻孔。精度要求不高时可以不钻中心孔。

（2）钻孔加工的注意事项主要包括以下几点：

①钻孔前必须将端面车平；

②找正时应使麻花钻的轴线与工件的回转轴线重合；

③当麻花钻接触工件的端面及通孔快要钻透时，进给量要小，以防麻花钻折断；

④钻小而深的孔时，应先钻中心孔，以免将孔钻歪；

⑤钻深孔时，切屑不容易排出，需要经常把麻花钻退出清除切屑；

⑥钻削钢材时，必须浇注充分的切削液，使麻花钻冷却，钻铸铁时可不用切削液。

### 3. 内孔刀的对刀

（1）手动车端面；

（2）$Z$ 向补正；

（3）镗内孔；

（4）测量车削后的孔径；

（5）$X$ 向补正。

**4. 零件检测**

本次任务主要使用内径千分尺检测零件的内孔直径。

（1）内径千分尺的读数方法与外径千分尺类似。顺时针旋转微分筒时，活动爪向外移动，读数值增大。

（2）内径千分尺主要用于测量孔径的尺寸，且测量时应使量爪与被测的内孔充分接触。其他的注意事项与外径千分尺相同。

## 任务实施

## 一、分析零件图样

该任务零件为套筒类零件，不但有外表面，而且还有内表面。零件的加工内容主要有 $\phi47$ mm 的外圆、8 mm 的宽槽及 $\phi28$ mm、$\phi32$ mm 的内表面及内外倒角，表面粗糙度分别为 $Ra1.6$ μm 和 $Ra3.2$ μm。与之前的任务相比，增加了内表面的加工。

## 二、制定数控加工工艺

**1. 加工方案的确定**

（1）装夹方案：采用三爪自定心卡盘装夹工件，零件伸出卡盘 55 mm 左右。

（2）加工方法：零件图中表面粗糙度值有 1.6 μm 和 3.2 μm，查阅外圆表面加工方法，采用粗车—精车的加工方法加工该零件。

**2. 确定加工顺序**

根据先内后外、先粗后精的加工原则，先用中心钻钻中心孔，再用麻花钻钻 25 mm 的通孔，然后用内孔刀车内轮廓，最后用外圆车刀和外圆切槽刀加工外轮廓，达到零件图的技术要求。

**3. 刀具的选择**

刀具卡片如表 3–1 所示。

表 3–1　刀具卡片

| 零件名称 | | 轴承套 | | 零件图号 | | 3–1 | |
|---|---|---|---|---|---|---|---|
| 序号 | 刀具号 | 刀具名称 | 数量 | 加工表面 | 刀尖半径/mm | 刀尖方位号 T | |
| 1 | 手动 | 中心钻 | 1 | 钻中心孔 | | | |
| 2 | 手动 | $\phi25$ mm 麻花钻 | 1 | 钻孔 | | | |
| 3 | T01 | 93°外圆车刀 | 1 | 粗精车外轮廓 | 0.4 | 3 | |
| 4 | T02 | 内孔车刀 | 1 | 粗精镗内孔、内倒角 | 0.4 | 2 | |
| 5 | T03 | 4 mm 切槽刀 | 1 | 切槽、切断 | | | |

**4. 切削用量的选择**

（1）背吃刀量 $a_p$ 的选择。

①粗加工时：根据机床、工件和刀具的刚度确定，根据生产经验取背吃刀量 $a_p = 1.5$ mm；

②精加工时：根据背吃刀量参考值取背吃刀量 $a_p = 0.3$ mm。

（2）进给量 $f$ 的选择。

①粗加工时：须查阅进给量参考值，取 $f = 0.3$ mm/r；

②精加工时：须查阅进给量参考值，取 $f = 0.15$ mm/r。

（3）切削速度 $v_c$ 的选择。

①粗加工时：须查阅切削速度参考值，取 $70 \sim 90$ m/min；

②精加工时：须查阅切削速度参考值，取 $100 \sim 130$ m/min。

（4）主轴转速 $n$。

主轴转速计算公式为

$$n = \frac{1\,000 v_c}{\pi d}$$

粗车时主轴转速为

$$\frac{1\,000 \times 70}{\pi \times 50} \leq n \leq \frac{1\,000 \times 90}{\pi \times 50}$$

得

$$445 \leq n \leq 573$$

精车时主轴转速为

$$\frac{1\,000 \times 100}{\pi \times 50} \leq n \leq \frac{1\,000 \times 130}{\pi \times 50}$$

得

$$636 \leq n \leq 828$$

所以，粗车时主轴转速取 $n = 500$ r/min，精车时主轴转速取 $n = 750$ r/min。

**5. 填写数控加工工序卡**

加工工序卡如表 3 - 2 所示。

表 3 - 2　加工工序卡

| 数控车床加工工序卡 | | 产品名称或代号 | 零件名称 | | 零件图号 | | | | |
|---|---|---|---|---|---|---|---|---|---|
| | | | 轴承套 | | 3 - 1 | | | | |
| 单位名称 | ××× | | 夹具名称 | 使用设备 | | 车间 | | | |
| | | | 三爪卡盘 | CK6150 数控车床 | | 数控实训室 | | | |
| 序号 | 工艺内容 | 刀具号 | 刀具规格/mm | 主轴转速 $n/(\text{r} \cdot \text{min}^{-1})$ | 进给量 $f/(\text{mm} \cdot \text{r}^{-1})$ | 背吃刀量 $a_p/\text{mm}$ | 刀片材料 | 程序编号 | 量具 |
| 1 | 手动车右端面，含 Z 向对刀 | T01 | $25 \times 25$ | 300 | | 0.5 | 硬质合金 | | 游标卡尺 |
| 2 | 手动钻中心孔 | | $\phi 3$ 中心钻 | 200 | | | 高速钢 | | |
| 3 | 手动钻 $\phi 25$ mm 的通孔 | | $\phi 25$ 麻花钻 | 300 | | | 高速钢 | | |

| 数控车床加工工序卡 | | 产品名称或代号 | 零件名称 | 零件图号 |
|---|---|---|---|---|
| | | | 轴承套 | 3－1 |
| 单位名称 | ××× | 夹具名称 | 使用设备 | 车间 |
| | | 三爪卡盘 | CK6150 数控车床 | 数控实训室 |

| 序号 | 工艺内容 | 刀具号 | 刀具规格/mm | 主轴转速 $n/(\text{r}\cdot\text{min}^{-1})$ | 进给速度 $F/(\text{mm}\cdot\text{r}^{-1})$ | 背吃刀量 $a_p/\text{mm}$ | 刀片材料 | 程序编号 | 量具 |
|---|---|---|---|---|---|---|---|---|---|
| 4 | 粗车内轮廓 | T02 | 25×25 | 500 | 0.3 | 1.5 | 硬质合金 | O3101 | 内径千分尺 |
| 5 | 精车内轮廓 | T02 | 25×25 | 750 | 0.15 | 0.3 | 硬质合金 | O3101 | 内径千分尺 |
| 6 | 粗车外轮廓 | T01 | 25×25 | 500 | 0.3 | 1.5 | 硬质合金 | O3101 | 游标卡尺 |
| 7 | 精车外轮廓 | T01 | 25×25 | 750 | 0.15 | 0.3 | 硬质合金 | O3101 | 外径千分尺 |
| 8 | 切槽、切断 | T03 | 25×25 | 300 | 0.05 | 4 | 硬质合金 | O3101 | 游标卡尺 |
| 9 | 掉头装夹，车端面，保证总长 | T01 | 25×25 | 300 | 0.15 | 0.5 | 硬质合金 | | 游标卡尺 |
| 编制 | | 审核 | | 批准 | | | | | |

## 三、编制数控加工程序

参考程序如表3－3所示。

表3－3 参考程序

| 程序段 | 注释 |
|---|---|
| O3101; | 程序名 |
| M03 S500; | 主轴正转 |
| T0202; | 选择2号刀具 |
| M08; | 开切削液 |
| G00 X25 Z2; | 至循环起刀点 |
| G71 U1.5 R0.5; | 定义粗车循环 |
| G71 P10 Q20 U－0.3 W0 F0.3; | |
| N10 G00 X34; | 精车轮廓开始 |
| G01 Z0 F0.15; | 至坐标原点 |
| X32 Z－1; | 车 $C1$ 倒角 |
| Z－10; | 车 $\phi32$ mm 的内孔 |
| X28; | 车 $\phi28$ mm 的内孔 |

| 程序段 | 注释 |
|---|---|
| Z - 41; | 车 $\phi28$ mm 的内孔 |
| N20 X26; | 退刀 |
| G00 X100 Z100; | 回换刀点 |
| M05; | 主轴停止 |
| M00; | 程序暂停 |
| T0202; | 调用刀具 |
| M03 S750; | 启动主轴 |
| G00 X25 Z2; | 至循环起刀点 |
| G70 P10 Q20; | 调用精车循环 |
| G00 X100 Z100; | 回换刀点 |
| T0101; | 调用刀具 |
| M03 S500; | 启动主轴 |
| G00 X52 Z2; | 至循环起刀点 |
| G71 U1.5 R0.5; | 定义粗车循环 |
| G71 P10 Q20 U0.3 W0 F0.3; | |
| N10 G00 X45; | 进刀 |
| G01 Z0 F0.15; | 至倒角起点 |
| X47 Z - 1; | 车倒角 |
| Z - 40; | 车 $\phi47$ mm 的外圆 |
| N20 X50; | 退刀 |
| G00 X100 Z100; | 回起刀点 |
| M05; | 主轴停止 |
| M00; | 程序暂停 |
| T0303; | 调用切槽刀 |
| M03 S300; | 启动主轴 |
| G00 Z - 24; | 定位槽的位置 |
| X48; | 定位 X 坐标 |
| G01 X42 F0.05; | 切槽至槽底 |

续表

| 程序段 | 注释 |
|---|---|
| X48 F0.4; | 退出 |
| G00 X100; | 回换刀点 |
| Z100; | 退刀 |
| M30; | 程序结束 |

## 四、数控仿真加工零件

（1）启动软件；

（2）选择机床；

（3）回参考点；

（4）设置工件并安装；

（5）装刀；

（6）输入参考程序；

（7）模拟加工；

（8）对刀；

（9）自动加工；

（10）测量尺寸。

## 五、数控实操加工零件

（1）系统启动；

（2）回参考点；

（3）装夹并找正工件；

（4）装刀（T01）；

（5）输入参考程序；

（6）模拟加工；

（7）对刀；

（8）自动加工；

（9）测量尺寸。

## 六、零件精度检测

（1）使用外径千分尺检测外径尺寸；

（2）使用内径千分尺检测内径尺寸；

（3）使用游标卡尺检测长度尺寸；

（4）使用粗糙度样板检测零件表面粗糙度。

## 能力测评

参照图 3-4 和图 3-5 编写加工程序。

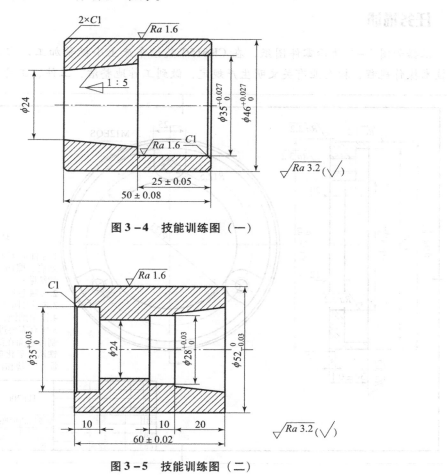

**图 3-4 技能训练图（一）**

**图 3-5 技能训练图（二）**

# 任务二 法兰盘的编程与加工

## 任务目标

### 1. 知识目标

（1）熟练运用所学指令编制法兰盘加工程序；

（2）熟悉法兰盘零件的刀具选择、对刀操作与加工；

（3）熟悉法兰盘零件的检测方法。

**2. 能力目标**

（1）能够使用仿真软件加工法兰盘；

（2）能够操作数控车床加工法兰盘；

（3）能够使用游标卡尺、外径千分尺、内径百分表等量具检测零件的尺寸。

## 任务描述

根据如图 3 – 6 所示零件图纸，在 CK6150 数控车床上小批量加工该零件。正确执行安全技术操作规程，按企业有关文明生产规定，做到工作地整洁，工件、工具摆放整齐。

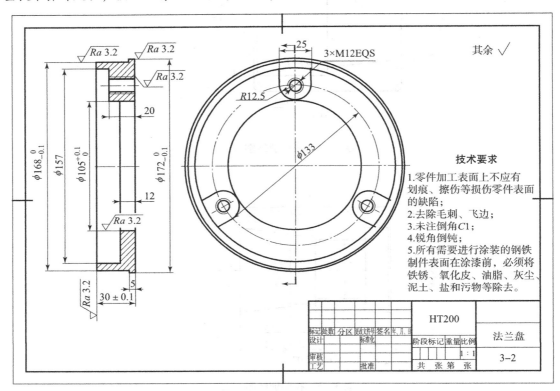

**图 3 – 6 法兰盘零件图**

## 任务支持

法兰（Flange），又叫法兰凸缘盘或突缘。法兰是管子与管子之间相互连接的零件，用于管端之间的连接；也有用在设备进出口上的法兰，用于两个设备之间的连接，如减速器法兰。法兰连接或法兰接头，是指由法兰、垫片及螺栓三者相互连接作为一组组合密封结构的可拆连接。管道法兰是指管道装置中配管用的法兰，用在设备上是指设备的进出口法兰。法兰上有孔眼，可利用螺栓使两法兰紧连。法兰间用衬垫密封。法兰分螺纹连接（丝扣连接）法兰、焊接法兰和卡夹法兰。法兰都是成对使用的，低压管道可以使用螺纹连接法兰，4 kg以上压力的使用焊接法兰，两片法兰盘之间加上密封垫，然后用螺栓紧固。不同压力的法兰厚度不同，它们使用的螺栓也不同。水泵与阀门在和管道连接时，这些器材设备的局部也制成相对应的法兰形状，称为法兰连接。凡是在两个平面周边使用螺栓连接且封闭的连接零件，一般都称为"法兰"，如通风管道的连接，这类零件可以称为"法兰类零件"。但是这种连接只是一个设备的局部，如法兰和水泵的连接，就不宜将水泵叫"法兰类零件"。比较小型的如阀门等，则可以叫"法兰类零件"。

### 🔖 任务实施

## 一、分析零件图样

### 1. 几何精度分析

零件图中直径方向有尺寸精度要求的尺寸有 3 个，即圆柱面直径 $\phi168_{-0.1}^{0}$ mm、$\phi105_{0}^{+0.1}$ mm、$\phi172_{-0.1}^{0}$ mm；长度方向有尺寸精度要求的尺寸有 1 个，即 $30_{-0.1}^{0}$ mm。查阅标准公差数值表，尺寸精度等级为 IT9 级，精度要求为中等精度。

### 2. 结构分析

读零件图可知：该零件的加工内容有 $\phi168$ mm 和 $\phi172$ mm 的外圆柱面、$\phi157$ mm 和 $\phi105$ mm 的内圆柱面及两个端面。由于尺寸精度要求高，故各个加工内容都应在数控车床上加工。

## 二、制定数控加工工艺

### 1. 加工方案的确定

（1）装夹方案：采用三爪自定心卡盘装夹工件。

（2）加工方法：零件图中表面粗糙度值为 3.2 μm，都是用去除材料的方法获得的加工表面，查阅外圆表面加工方法，采用粗车—精车的加工方法加工该零件。

### 2. 确定加工顺序

根据先内后外、先粗后精的加工原则，先用内孔车刀车内轮廓，再用外圆车刀加工外轮廓，达到零件图的技术要求，即：

（1）采用三爪自定心卡盘装夹外圆，从左至右加工内孔。

（2）采用三爪自定心卡盘装夹内孔，从左至右加工外圆。

（3）掉头装夹，车端面保证总长。

### 3. 刀具的选择

加工刀具卡片如表 3-4 所示。

表 3-4　加工刀具卡片

| 零件名称 | | 锥柄 | | 零件图号 | | | 3-2 | |
|---|---|---|---|---|---|---|---|---|
| 序号 | 刀具号 | 刀具名称 | 数量 | 加工表面 | 刀尖半径/mm | 刀尖方位号 T | 备注 | |
| 1 | T01 | 93°外圆车刀 | 1 | 端面，粗精车外轮廓 | 0.8 | 3 | | |
| 2 | T02 | 93°内孔车刀 | 1 | 内孔轮廓及内孔端面 | 0.8 | 2 | | |

**4. 切削用量的选择**

（1）背吃刀量 $a_p$ 的选择。

①粗加工时：根据机床、工件和刀具的刚度确定，根据生产经验取背吃刀量 $a_p = 2$ mm；

②精加工时：根据背吃刀量参考值取背吃刀量 $a_p = 0.3$ mm。

（2）进给量 $f$ 的选择。

①粗加工时：须查阅进给量参考值，取 $f = 0.4$ mm/r；

②精加工时：须查阅进给量参考值，取 $f = 0.2$ mm/r。

（3）切削速度 $v_c$ 的选择。

①粗加工时：须查阅切削速度参考值，取 $60 \sim 80$ m/min；

②精加工时：须查阅切削速度参考值，取 $90 \sim 120$ m/min。

（4）主轴转速 $n$。

①车削外圆的主轴转速 $n$ 的计算方法如下。

主轴转速计算公式为

$$n = \frac{1\,000 v_c}{\pi d}$$

粗车时主轴转速为

$$\frac{1\,000 \times 60}{\pi \times 175} \leqslant n \leqslant \frac{1\,000 \times 80}{\pi \times 175}$$

得

$$110 \leqslant n \leqslant 145$$

精车时主轴转速为

$$\frac{1\,000 \times 90}{\pi \times 175} \leqslant n \leqslant \frac{1\,000 \times 120}{\pi \times 175}$$

得

$$164 \leqslant n \leqslant 218$$

因此，车削外圆时，粗车时主轴转速取 $n = 120$ r/min，精车时主轴转速取 $n = 200$ r/min。

②车削内孔的主轴转速 $n$ 的计算方法如下。

主轴转速计算公式为

$$n = \frac{1\,000 v_c}{\pi d}$$

粗车时主轴转速为

$$\frac{1\,000 \times 60}{\pi \times 100} \leqslant n \leqslant \frac{1\,000 \times 80}{\pi \times 100}$$

得

$$191 \leqslant n \leqslant 254$$

精车时主轴转速为

$$\frac{1\,000 \times 90}{\pi \times 100} \leqslant n \leqslant \frac{1\,000 \times 120}{\pi \times 100}$$

得

$$286 \leqslant n \leqslant 382$$

因此，车削内孔时，粗车时主轴转速取 $n=200$ r/min，精车时主轴转速取 $n=350$ r/min。

**5. 填写数控加工工序卡**

数控加工工序卡如表3－5所示。

表3－5 数控加工工序卡

| 数控车床加工工序卡 | | 产品名称或代号 | | 零件名称 | | 零件图号 | | | |
|---|---|---|---|---|---|---|---|---|---|
| | | | | 法兰盘 | | 3－2 | | | |
| 单位名称 | | 夹具名称 | | 使用设备 | | 车间 | | | |
| ××× | | 三爪卡盘 | | CK6150 数控车床 | | 数控实训室 | | | |
| 序号 | 工艺内容 | 刀具号 | 刀具规格/mm | 主轴转速 $n$/($r \cdot min^{-1}$) | 进给量 $f$/($mm \cdot r^{-1}$) | 背吃刀量 $a_p$/mm | 刀片材料 | 程序编号 | 量具 |
| 1 | 装夹外圆，粗车内孔和端面 | T02 | 25×25 | 200 | 0.4 | 2 | 硬质合金 | O3201 | 内径千分尺 |
| 2 | 装夹外圆，精车内孔和端面 | T02 | 25×25 | 350 | 0.15 | 0.3 | 硬质合金 | O3201 | 内径千分尺 |
| 3 | 装夹内孔，粗车外圆 | T01 | 25×25 | 120 | 0.4 | 2 | 硬质合金 | O3202 | 游标卡尺 |
| 4 | 装夹内孔，精车外圆 | T01 | 25×25 | 200 | 0.15 | 0.3 | 硬质合金 | O3202 | 游标卡尺 |
| 5 | 掉头装夹，手动车右端面保证总长 | T01 | 25×25 | 120 | 0.2 | 0.5 | 硬质合金 | | 游标卡尺 |
| 编制 | | 审核 | | | 批准 | | | | |

# 三、编制数控加工程序

（1）装夹外圆加工内孔轮廓，粗精加工内孔轮廓程序如表3－6所示。

表3－6 粗加工内孔轮廓程序

| 程序段 | 注释 |
|---|---|
| O3201; | 程序名 |
| M03 S200; | 主轴正转 |
| T0202; | 选择2号刀具 |
| M08; | 开切削液 |
| G00 X100 Z2; | 至循环起刀点 |

| 程序段 | 注释 |
|---|---|
| G71 U2 R0.5; | 定义粗车循环 |
| G71 P10 Q20 U-0.3 W0 F0.3; | |
| N10 G00 X157; | 精车轮廓开始 |
| G01 Z-10 F0.15; | 车 φ157 mm 的内孔 |
| X105; | 车端面 |
| Z-30; | 车 φ105 mm 的内孔 |
| N20 X100; | 退刀 |
| G00 X100 Z100; | 退回换刀点 |
| M05; | 主轴停止 |
| M00; | 程序暂停 |
| T0202; | 调用刀具 |
| M03 S350; | 启动主轴 |
| G00 X100 Z2; | 至循环起刀点 |
| G70 P10 Q20; | 调用精车循环 |
| G00 X100 Z100; | 退回换刀点 |
| M30; | 程序结束 |

（2）装夹内孔粗精加工外圆轮廓，粗精加工外圆轮廓程序如表 3-7 所示。

表 3-7　粗精加工外圆轮廓程序

| 程序段 | 注释 |
|---|---|
| O3202; | 程序名 |
| T0101; | 调用 1 号刀具 |
| M03 S120; | 启动主轴 |
| G00 X175 Z2; | 至循环起刀点 |
| G71 U2 R0.5; | 定义粗车循环 |
| G71 P10 Q20 U0.3 W0 F0.3; | |
| N10 G00 X168; | 进刀 |
| G01 Z-25 F0.15; | 车 φ168 mm 的外圆 |
| X172; | 车端面 |
| Z-32; | 车 φ172 mm 的外圆 |
| N20 X175; | 退刀 |
| G00 X100 Z100; | 返回起刀点 |
| M05; | 主轴停止 |

| 程序段 | 注释 |
|---|---|
| M00； | 程序暂停 |
| T0101； | 调用刀具 |
| M03 S200； | 启动主轴 |
| G00 X175 Z2； | 至循环起刀点 |
| G70 P10 Q20； | 精车轮廓 |
| G00 X100 Z100； | 返回起刀点 |
| M30； | 程序结束 |

## 四、数控仿真加工零件

（1）启动软件；

（2）选择机床；

（3）回参考点；

（4）设置工件并安装；

（5）装刀；

（6）输入参考程序；

（7）模拟加工；

（8）对刀；

（9）自动加工；

（10）测量尺寸。

## 五、数控实操加工零件

（1）系统启动；

（2）装夹并找正工件；

（3）装刀（T01）；

（4）输入参考程序；

（5）模拟加工；

（6）对刀；

（7）自动加工；

（8）测量尺寸。

## 六、零件精度检测

（1）使用游标卡尺和千分尺检测直径尺寸；

（2）使用游标卡尺检测长度尺寸；

（3）使用粗糙度样板检测零件表面粗糙度。

## 能力测评

参照图 3-7 编写加工程序。

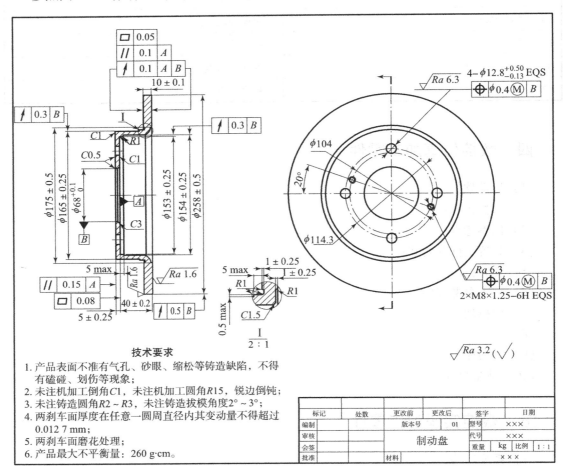

**图 3-7　技能测试图**

# 任务三　通盖的编程与加工

## 任务目标

**1. 知识目标**

（1）了解 G76 螺纹加工单一循环指令在内螺纹程序编制中的使用方法；

（2）能够分析较复杂的套筒类零件的加工工艺；

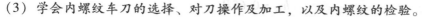

（3）学会内螺纹车刀的选择、对刀操作及加工，以及内螺纹的检验。

**2. 技能目标**

（1）能够运用数控仿真软件仿真加工通盖；

（2）能够运用数控车床加工通盖；

（3）能够使用游标卡尺、外径千分尺、内径千分尺、螺纹塞规等量具检测零件尺寸。

## 🔄 任务描述

根据如图 3 - 8 所示零件图纸，在 CK6150 数控车床上单件小批量加工该零件。正确执行安全技术操作规程，按企业有关文明生产规定，做到工作地整洁，工件、工具摆放整齐。

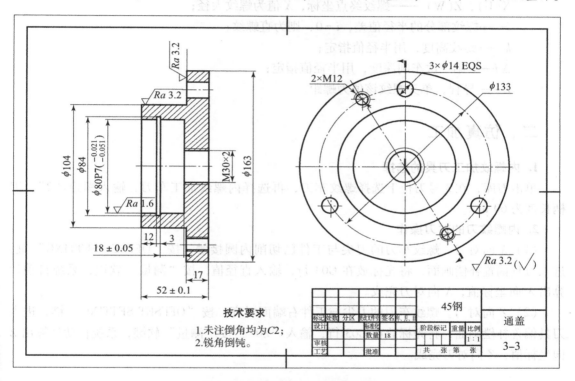

图 3 - 8　送料轴右侧通盖零件图

## 📝 任务支持

## 一、编程知识

### 1. 内螺纹加工尺寸的计算

（1）实际车削内圆柱面的直径为

$$D_{实} = D - P$$

（2）内螺纹牙型高度为

$$h_{深} = 0.65P$$

**2. 指令的格式**

G76 P(m)(r)(a) Q(Δd_{min}) R(d);

G76 X(U)__Z(W)__R(i) P(k) Q(Δd) F(L);

程序中，m——精车重复次数；

r ——螺纹尾部倒角余量，用00~99的两位整数表示；

a——刀尖角度；

Δd_{min}——最小车削深度，用半径值指定；

d——精车余量，用半径值指定；

X(U)，Z(W)——螺纹终点坐标，X值为螺纹大径；

i——螺纹部分的半径值差，i=0，则为直螺纹；

k——螺纹高度，用半径值指定；

Δd——第一次车削深度，用半径值指定；

L——导程，单头螺纹该值为螺距。

## 二、仿真加工

**1. 内螺纹加工刀具的选择**

单击刀库，在3号刀位上选择螺纹车刀，再选择内螺纹加工车刀，输入螺距"2"，刀柄长度为60 mm。

**2. 内螺纹刀的对刀操作**

（1）X向对刀。螺纹车刀的刀尖与工件已切削内圆接触，按"OFFSET SETTING"键，进入刀具偏置补偿画面，将光标放在G03行，输入直径值，按"测量"软键，系统自动计算出X向坐标值，X向对刀完成。

（2）Z向对刀。螺纹车刀的刀尖与工件右端面对齐，按"OFFSET SETTING"键，进入刀具偏置补偿画面，将光标放在G03行，输入"Z0"，按"测量"软键，系统自动计算出Z向坐标值，Z向对刀完成。

## 三、实际加工

**1. 螺纹车刀的安装**

安装螺纹车刀的步骤如下：

（1）将刀片放入刀体内；

（2）旋入螺钉，并拧紧；

（3）将刀杆装在刀架上；

（4）固定好刀杆。

安装螺纹车刀的注意事项主要包括以下几点：

（1）刀杆与工件轴线基本平行；

（2）刀尖等高于或者略高于主轴的回转中心，防止刀杆在切削力作用下弯曲，发生

"扎刀"的情况；

（3）内螺纹车刀刀杆的伸出长度应尽量短，以增加刀杆的刚性，防止产生振动。

**2. 螺纹车刀的对刀**

（1）X 向对刀。

①手动选择螺纹车刀；

②设置主轴转速，按"手摇"键，转动手轮，使螺纹车刀的刀尖与工件已切削外圆表面接触；

③用卡尺测量已切削完的外径，如 X36.8；

④输入 X 向刀补参数：将光标移至 W03 行，输入"X36.8"，按"测量"软键。

（2）Z 向对刀。

①按"手摇"键，转动手轮，使刀尖与工件右端面对齐；

②输入 Z 向刀补参数：将光标移至 W03 行，输入"Z0"，按"测量"键。

**3. 零件检测**

螺纹塞规是测量内螺纹尺寸正确性的量具。

（1）螺纹塞规的工作原理。螺纹塞规通规可以模拟被测螺纹的最大实体牙型，检测被测螺纹的作用中径是否超过其最大实体牙型的中径，并检测底径实际尺寸是否超过其最大实体尺寸。螺纹塞规结构如图 3 - 9 所示。

**图 3 - 9　螺纹塞规结构**

（2）螺纹塞规的使用方法。

①用螺纹通规与被测的螺纹旋合，如果可以通过，则说明被测的螺纹的作用中径没有超过其最大实体牙型的中径。

②用螺纹止规与被测的螺纹旋合，旋合量不超过两个螺距，则说明螺纹止规不完全旋合通过，也表明了单一中径没有超出其最小实体牙型的中径，被测螺纹的中径是合格的。

## 💡 任务实施

## 一、分析零件图样

### 1. 尺寸精度分析

零件图中直径方向有尺寸精度要求的尺寸有 1 个，即零件中圆柱面直径 $\phi80P7\left(\begin{smallmatrix}-0.021\\-0.051\end{smallmatrix}\right)$，查阅标准公差数值表，尺寸精度等级为 IT8 级，精度要求为中等精度。此内圆柱面要安装轴承，因此尺寸精度要求较高。与之前的任务相比，增加了内螺纹的加工。

### 2. 结构分析

读零件图可知：该零件的加工内容有 $\phi163$ mm、$\phi104$ mm 的外圆柱面，$\phi80$ mm、

$\phi 84$ mm 的内圆柱面，M30×2 的内螺纹。由于尺寸精度要求高，故适合在数控车床上加工。

## 二、制定数控加工工艺

**1. 加工方案的确定**

（1）装夹方案：采用三爪自定心卡盘装夹工件。

（2）加工方法：零件图中表面粗糙度值有 1.6 $\mu$m 和 3.2 $\mu$m，都是用去除材料的方法获得的加工表面，查阅外圆表面加工方法，采用粗车—精车的加工方法加工该零件。

**2. 确定加工顺序**

根据先内后外、先粗后精的加工原则，先用内孔车刀车内轮廓，再用外圆车刀加工外轮廓，达到零件图的技术要求，即：

（1）采用三爪自定心卡盘装夹外圆，从左至右加工内孔及内螺纹。

（2）采用三爪自定心卡盘装夹右端大圆柱面，加工 $\phi 104$ mm 的外圆。

（3）采用三爪自定心卡盘装夹左端小圆柱面，加工 $\phi 163$ mm 的外圆。

**3. 刀具的选择**

加工刀具卡片如表 3 – 8 所示。

表 3 – 8　加工刀具卡片

| 零件名称 | | 通盖 | | 零件图号 | | 3 – 3 |
|---|---|---|---|---|---|---|
| 序号 | 刀具号 | 刀具名称 | 数量 | 加工表面 | 刀尖半径/mm | 刀尖方位号 T |
| 1 | T01 | 93°外圆车刀 | 1 | 端面，粗精车外轮廓 | 0.4 | 3 |
| 2 | T02 | 93°内孔车刀 | 1 | 内孔轮廓及内孔端面 | 0.4 | 2 |
| 3 | T03 | 3 mm 内切槽刀 | 1 | 3 mm 内槽 | 0 | 2 |
| 4 | T04 | 60°内螺纹车刀 | 1 | M30 的内螺纹 | 0.2 | 2 |

**4. 切削用量的选择**

（1）背吃刀量 $a_p$ 的选择。

①粗加工时：根据机床、工件和刀具的刚度确定，根据生产经验取背吃刀量 $a_p$ = 1.5 mm；

②精加工时：根据背吃刀量参考值取背吃刀量 $a_p$ = 0.3 mm。

（2）进给量 $f$ 的选择。

①粗加工时：须查阅进给量参考值，取 $f$ = 0.8 mm/r；

②精加工时：须查阅进给量参考值，取 $f$ = 0.4 mm/r。

（3）切削速度 $v_c$ 的选择。

①粗加工时：须查阅切削速度参考值，取 70～90 m/min；

②精加工时：须查阅切削速度参考值，取 100～130 m/min。

（4）主轴转速 $n$。

①车削外圆的主轴转速 $n$ 的计算方法如下。

主轴转速计算公式为

$$n = \frac{1\,000v_c}{\pi d}$$

粗车时主轴转速为

$$\frac{1\,000 \times 70}{\pi \times 104} \leqslant n \leqslant \frac{1\,000 \times 90}{\pi \times 104}$$

得

$$214 \leqslant n \leqslant 275$$

精车时主轴转速为

$$\frac{1\,000 \times 100}{\pi \times 104} \leqslant n \leqslant \frac{1\,000 \times 130}{\pi \times 104}$$

得

$$306 \leqslant n \leqslant 398$$

因此，车削外圆时，粗车时主轴转速取 $n = 240$ r/min，精车时主轴转速取 $n = 350$ r/min。

②车削内孔的主轴转速 $n$ 的计算方法如下。

主轴转速计算公式为

$$n = \frac{1\,000v_c}{\pi d}$$

粗车时主轴转速为

$$\frac{1\,000 \times 70}{\pi \times 80} \leqslant n \leqslant \frac{1\,000 \times 90}{\pi \times 80}$$

得

$$278 \leqslant n \leqslant 358$$

精车时主轴转速为

$$\frac{1\,000 \times 100}{\pi \times 80} \leqslant n \leqslant \frac{1\,000 \times 130}{\pi \times 80}$$

得

$$398 \leqslant n \leqslant 517$$

因此，车削内孔时，粗车时主轴转速取 $n = 320$ r/min，精车时主轴转速取 $n = 450$ r/min。

③车螺纹时主轴转速为

$$n \leqslant \frac{1\,200}{P} - K$$

式中 $P$——螺距；

$K$ 取 80。

得

$$n \leqslant 520$$

因此，车螺纹时主轴转速取 $n = 500$ r/min。

**5. 填写数控加工工序卡**

数控加工工序卡如表 3-9 所示。

表 3 – 9　数控加工工序卡

| 数控车床加工工序卡 | | 产品名称或代号 | | 零件名称 | | 零件图号 | | | |
|---|---|---|---|---|---|---|---|---|---|
| | | | | 通盖 | | 3 – 3 | | | |
| 单位名称 | | 夹具名称 | | 使用设备 | | 车间 | | | |
| ××× | | 三爪卡盘 | | CK6150 数控车床 | | 数控实训室 | | | |
| 序号 | 工艺内容 | 刀具号 | 刀具规格 /mm | 主轴转速 n/ (r·min⁻¹) | 进给量 f /(mm·r⁻¹) | 背吃刀量 a_p/mm | 刀片材料 | 程序编号 | 量具 |
| 1 | 装夹外圆，粗车内孔和端面 | T02 | 25×25 | 320 | 0.8 | 1.5 | 硬质合金 | O3301 | 内径千分尺 |
| 2 | 装夹外圆，精车内孔和端面 | T02 | 25×25 | 450 | 0.4 | 0.3 | 硬质合金 | O3301 | 内径千分尺 |
| 3 | 车内槽 | T03 | 25×25 | 200 | 0.05 | 3 | 硬质合金 | O3301 | 内位千分尺 |
| 4 | 车内螺纹 | T04 | 25×25 | 500 | 2 | 递减 | 硬质合金 | O3301 | 螺纹塞规 |
| 5 | 粗车左端外圆 | T01 | 25×25 | 240 | 0.8 | 1.5 | 硬质合金 | O3302 | 游标卡尺 |
| 6 | 精车左端外圆 | T01 | 25×25 | 350 | 0.4 | 0.3 | 硬质合金 | O3302 | 游标卡尺 |
| 7 | 粗车右端外圆 | T01 | 25×25 | 240 | 0.8 | 1.5 | 硬质合金 | O3303 | 游标卡尺 |
| 8 | 精车右端外圆 | T01 | 25×25 | 350 | 0.4 | 0.3 | 硬质合金 | O3303 | 游标卡尺 |
| 编制 | | 审核 | | | | 批准 | | | |

## 三、编制数控加工程序

（1）装夹右端外圆加工内轮廓，粗精加工内轮廓程序如表 3 – 10 所示。

表 3 – 10　粗精加工内轮廓程序

| 程序段 | 注释 |
|---|---|
| O3301; | 程序名 |
| M03 S320; | 主轴正转 |
| T0202; | 选择 2 号刀具 |
| M08; | 开切削液 |
| G00 X25 Z2; | 至循环起刀点 |
| G71 U1.5 R0.5; | 定义粗车循环 |
| G71 P10 Q20 U – 0.3 W0 F0.3; | |
| N10 G00 X80; | 精车轮廓开始 |
| G01 Z – 33 F0.15; | 车 φ80 mm 的内孔 |

| 程序段 | 注释 |
| --- | --- |
| X27.4; | 车端面 |
| Z-53; | 车 M30 螺纹底孔 |
| N20 X25; | 退刀 |
| G00 X100 Z100; | 回换刀点 |
| M05; | 主轴停止 |
| M00; | 程序暂停 |
| T0202; | 调用刀具 |
| M03 S450; | 启动主轴 |
| G00 X25 Z2; | 至循环起刀点 |
| G70 P10 Q20; | 调用精车循环 |
| G00 X100 Z100; | 回换刀点 |
| T0303; | 调用内切槽刀 |
| M03 S200; | 启动主轴 |
| G00 X75; | 至孔的延长线上 |
| Z0; | 至安全位置 |
| G01 Z-15 F0.8; | 至槽的起点位置 |
| X84 F0.05; | 切至槽底 |
| X75 F0.8; | 退刀 |
| G00 Z100; | 退刀 |
| X100; | 退刀 |
| T0404; | 调用内螺纹车刀 |
| G00 X27.4; | 至螺纹第一进刀点 |
| Z-30; | |
| X28.3 Z-53 F2; | 螺纹切削 1 次 |
| X28.9; | 螺纹切削 2 次 |
| X29.5; | 螺纹切削 3 次 |
| X29.9; | 螺纹切削 4 次 |
| X30; | 螺纹切削 5 次 |
| G00 Z100; | 退刀 |
| X100; | 退刀 |
| M30; | 程序结束 |

（2）装夹右端外圆粗精加工左端外圆轮廓，粗精加工左端外圆轮廓程序如表 3 – 11 所示。

表 3 – 11　粗精加工左端外圆轮廓程序

| 程序段 | 注释 |
| --- | --- |
| O3302; | 程序名 |
| T0101; | 调用刀具 |
| M03 S240; | 启动主轴 |
| G00 X165 Z2; | 至循环起刀点 |
| G71 U1.5 R0.5; | 定义粗车循环 |
| G71 P10 Q20 U0.3 W0 F0.3; | |
| N10 G00 X104; | 进刀 |
| G01 Z – 35 F0.8; | 车 $\phi$104 mm 的外圆 |
| N20 X165; | 车端面 |
| G00 X100 Z100; | 回起刀点 |
| M05; | 主轴停止 |
| M00; | 程序暂停 |
| T0101; | 调用刀具 |
| M03 S350; | 启动主轴 |
| G00 X165 Z2; | 至循环起刀点 |
| G70 P10 Q20; | 调用精车循环 |
| G00 X100 Z100; | 回换刀点 |
| M30; | 程序结束 |

（3）装夹左端外圆粗精加工右端外圆轮廓，粗精加工右端外圆轮廓程序如表 3 – 12 所示。

表 3 – 12　粗精加工右端外圆轮廓程序

| 程序段 | 注释 |
| --- | --- |
| O3303; | 程序名 |
| T0101; | 调用刀具 |
| M03 S240; | 启动主轴 |
| G00 X170 Z0; | 至端面起点 |
| G01 X0 F0.4; | 平端面 |

| 程序段 | 注释 |
|---|---|
| G00 Z2; | 退刀 |
| X163; | 至循环起刀点 |
| G71 U1.5 R0.5; | 定义粗车循环 |
| G71 P10 Q20 U0.3 W0 F0.3; | |
| N10 G00 X163; | 进刀 |
| G01 Z－18 F0.8; | 车 $\phi$163 mm 的外圆 |
| N20 X165; | 退刀 |
| G00 X100 Z100; | 回起刀点 |
| M05; | 主轴停止 |
| M00; | 程序暂停 |
| T0101; | 调用刀具 |
| M03 S350; | 启动主轴 |
| G00 X165 Z2; | 至循环起刀点 |
| G70 P10 Q20; | 调用精车循环 |
| G00 X100 Z100; | 回换刀点 |
| M30; | 程序结束 |

## 四、数控仿真加工零件

（1）启动软件；
（2）选择机床；
（3）回参考点；
（4）设置工件并安装；
（5）装刀；
（6）输入参考程序；
（7）模拟加工；
（8）对刀；
（9）自动加工；
（10）测量尺寸。

## 五、数控实操加工零件

（1）系统启动；
（2）装夹并找正工件；
（3）装刀（T01）；

（4）输入参考程序；

（5）模拟加工；

（6）对刀；

（7）自动加工；

（8）测量尺寸。

## 六、零件精度检测

（1）使用内径千分尺检测直径尺寸；

（2）使用游标卡尺检测直径尺寸和长度尺寸；

（3）使用螺纹塞规检测内螺纹；

（4）使用粗糙度样板检测零件表面粗糙度。

### 能力测评

参照图 3 – 10 和图 3 – 11 编写加工程序。

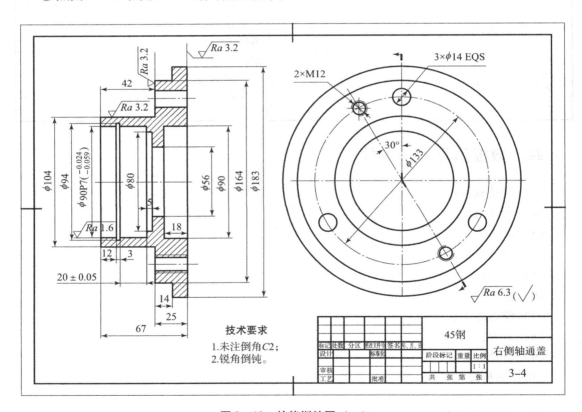

图 3 – 10　技能训练图（一）

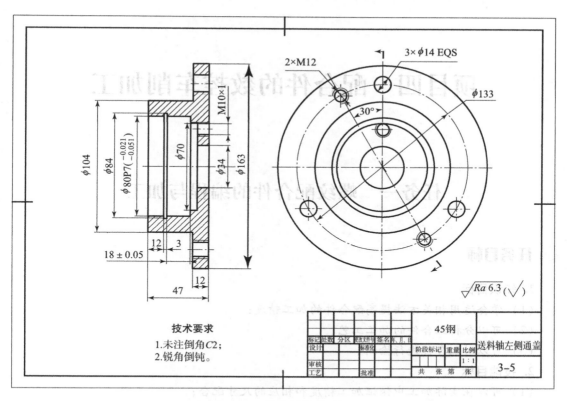

技术要求

1.未注倒角C2；
2.锐角倒钝。

| | | | | | 45钢 | | 送料轴左侧通盖 |
|---|---|---|---|---|---|---|---|
| 标记 | 处数 | 分区 | 更改文件号 | 签名年、月、日 | | | |
| 设计 | | | 标准化 | | 阶段标记 | 重量 | 比例 |
| | | | | | | | 1:1 |
| 审核 | | | | | | | 3-5 |
| 工艺 | | | 批准 | | 共　张　第　张 | | |

$\sqrt{Ra\,6.3}\,(\sqrt{\ })$

图 3－11　技能训练图（二）

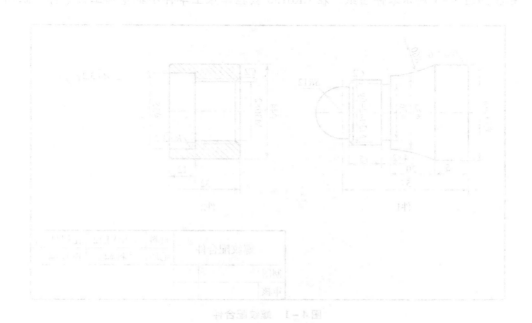

# 项目四  配合件的数控车削加工

## 任务一  螺纹配合件的编程与加工

### 任务目标

**1. 知识目标**

（1）学会运用相关方法提高配合件的加工精度；

（2）可以分析配合件的加工工艺；

（3）可以对配合件进行检测。

**2. 技能目标**

（1）可以在实际加工中保证加工精度和相应的尺寸配合；

（2）具有检测配合间隙的能力。

### 任务描述

根据如图 4-1 所示零件图纸，在 CK6150 数控车床上单件小批量加工该零件。正确执

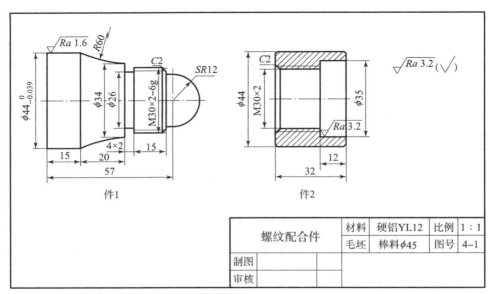

| 螺纹配合件 | 材料 | 硬铝YL12 | 比例 | 1 : 1 |
| | 毛坯 | 棒料 $\phi$45 | 图号 | 4-1 |
| 制图 | | | | |
| 审核 | | | | |

**图 4-1  螺纹配合件**

行安全技术操作规程，按企业有关文明生产规定，做到工作地整洁，工件、工具摆放整齐。

 **任务支持**

## 一、提高配合件加工精度的方法

### 1. 编程方面

（1）对于不同材料的零件，合理安排加工工艺，明确件1与件2的加工次序，考虑各工件的加工精度、配合件的配合精度及工件加工过程中装夹与找正等各方面因素，合理选择刀具和切削用量。

（2）编程中所使用的数值是图纸上所给出的尺寸公差的中间值，方便加工时尺寸可调节，避免加工尺寸超差。

### 2. 实际操作方面

（1）为保证装配要求，应尽可能减少重复装夹，一次完成外圆、内孔的加工。

（2）合理控制工件的夹紧力，冷却要充分，避免因夹紧力过大以及冷却不充分产生零件过热等使工件变形。

（3）在保证加工精度的前提下，通过加工中实际得出的测量尺寸来调整编程及磨耗的数值，尽量将内孔、外圆的尺寸加工到尺寸公差的中间值，使配合间隙控制在合理范围内。

（4）掉头装夹、找正，不能损伤工件已加工的表面，找正部位应合理，以免降低已加工的表面质量。

（5）选用刀具的同时一定要考虑中心高度，使刀具伸出的长度越短越好。在条件允许的情况下，尽量选择较粗的刀杆直径以增加切削时的强度，避免零件因振动而产生颤纹。

（6）件2内孔的测量是通过内径百分表进行检测的，在使用过程中要严格按照量具说明书认真操作，以免将内径百分表损坏。

（7）加工件1和件2内、外螺纹时，用螺纹环规和螺纹塞规进行检验，通过调整磨耗的方法来改变牙深尺寸，以保证螺纹的连接松紧适宜。

## 二、配合件装配时出现的常见问题以及解决方法

（1）配合件中往往会出现尺寸在公差范围内而配合不顺利的现象，产生这种现象的原因如下：

①内孔或者外圆零件的表面粗糙度很差，影响两面之间的配合平整度，因此提高表面加工质量是关键。

②内孔零件产生变形，使得两配合面无法正常接触而不能实现配合，因此合理控制夹紧力、切削力和热胀冷缩等因素是关键。

③毛刺、倒角等问题影响正常配合。倒角加工质量不好可能使部分毛刺剐蹭至配合面部分（槽的配合），进而使得配合面因毛刺的阻挡无法装配，因此加工中要合理安排倒角、去毛刺，使得配合顺利、彻底。

（2）配合中同样也会出现间隙过大的现象，当然这种现象往往是没有控制好尺寸精度而导致的，因此尺寸精度符合要求是保证配合的前提条件。

## 🔄 任务实施

## 一、分析零件图样

### 1. 尺寸精度分析

零件图中直径方向有尺寸精度要求的尺寸有 1 个，即件 1 中圆柱面直径 $\phi44_{-0.039}^{0}$ mm，查阅标准公差数值表可知，尺寸精度等级为 IT8 级，精度要求为中等精度。

### 2. 结构分析

读零件图可知：件 1 的加工内容有 $\phi44$ mm 的圆柱面、$R60$ mm 的圆弧面、4 mm × 2 mm 的槽、M30 的螺纹、倒角、$SR12$ mm 的半球面。件 2 的加工内容有 $\phi44$ mm 的外圆柱面、$\phi35$ mm 的内圆柱面、M30 的螺纹、倒角。由于尺寸精度要求高，故适合在数控车床上加工。

该任务为配合件产品，关键是两件产品完成后的配合精度。

## 二、制定数控加工工艺

### （一）制定件 1 的数控加工工艺

#### 1. 加工方案的确定

零件图中表面粗糙度值有 1.6 μm 和 3.2 μm，查阅外圆表面加工方法，采用粗车—精车的加工方法，件 1 的加工方案为：

（1）采用三爪自定心卡盘装夹，零件伸出卡盘 75 mm。

（2）加工零件右侧外轮廓至尺寸。

（3）切断。

（4）掉头装夹，车端面，保证总长后车倒角。

#### 2. 刀具的选择

件 1 刀具卡片如表 4-1 所示。

表 4-1　件 1 刀具卡片

| 序号 | 刀具号 | 刀具名称 | 数量 | 加工表面 | 刀尖半径/mm | 刀尖方位号 T |
|------|--------|----------|------|----------|-------------|--------------|
| 1 | T01 | 93°外圆车刀 | 1 | 粗精车外轮廓 | 0.4 | 3 |
| 2 | T02 | 4 mm 切槽刀 | 1 | 切槽、切断工件 | — | 3 |
| 3 | T03 | 60°外螺纹车刀 | 1 | 车螺纹 | — | 3 |

**3. 加工工艺的确定**

件 1 的数控加工工序卡如表 4 - 2 所示。

表 4 - 2　数控加工工序卡

| 数控车床加工工序卡 | | 产品名称或代号 | 零件名称 | | 零件图号 | | |
|---|---|---|---|---|---|---|---|
| | | | 件 1 | | 4 - 1 | | |
| 单位名称 | ×××| 夹具名称 | 使用设备 | | 车间 | | |
| | | 三爪卡盘 | CK6150 数控车床 | | 数控实训室 | | |
| 序号 | 工艺内容 | 刀具号 | 刀具规格 /mm | 主轴转速 $n$/ $(r \cdot min^{-1})$ | 进给量 $f$/ $(mm \cdot r^{-1})$ | 背吃刀量 $a_p$/mm | 刀片材料 | 程序编号 | 量具 |
| 1 | 手动车右端面，含 Z 向对刀 | T01 | 25×25 | 300 | | 1 | 硬质合金 | | 游标卡尺 |
| 2 | 粗车右端外圆 | T01 | 25×25 | 650 | 0.4 | 2 | 硬质合金 | O4101 | 游标卡尺 |
| 3 | 精车右端外圆 | T01 | 25×25 | 900 | 0.15 | 0.3 | 硬质合金 | O4101 | 千分尺 |
| 4 | 车退刀槽 | T02 | 25×25 | 300 | 0.05 | 1 | 硬质合金 | O4101 | 游标卡尺 |
| 5 | 车螺纹 | T03 | 25×25 | 500 | 2 | 递减 | 硬质合金 | O4101 | 螺纹环规 |
| 6 | 掉头装夹，车端面，保证总长后车倒角 | T01 | 25×25 | 300 | | 1 | 硬质合金 | | 游标卡尺 |
| 编制 | | 审核 | | | 批准 | | |

**（二）制定件 2 的数控加工工艺**

**1. 加工方案的确定**

零件图中表面粗糙度值为 3.2 μm，查阅外圆表面加工方法，采用粗车—精车的加工方法，件 2 的加工方案为：

（1）采用三爪自定心卡盘装夹。

（2）钻中心孔。

（3）钻 $\phi25$ mm 的通孔。

（4）加工零件内轮廓至尺寸。

（5）掉头装夹，车端面，保证总长后车倒角。

（6）与件 1 通过螺纹旋合到一起加工外轮廓，达到零件图的技术要求。

**2. 刀具的选择**

件 2 刀具卡片如表 4 - 3 所示。

表4-3　件2刀具卡片

| 序号 | 刀具号 | 刀具名称 | 数量 | 加工表面 | 刀尖半径/mm | 刀尖方位号 T |
|---|---|---|---|---|---|---|
| 1 | 手动 | 中心钻 | 1 | 钻中心孔 | — | — |
| 2 | 手动 | 麻花钻 | 1 | 钻孔 | — | — |
| 3 | T01 | 93°外圆车刀 | 1 | 粗精车外轮廓 | 0.4 | 3 |
| 4 | T02 | 93°内孔车刀 | 1 | 粗精镗内孔、内倒角 | 0.4 | 2 |
| 5 | T03 | 内螺纹车刀 | 1 | 车内螺纹 | — | — |

### 3. 加工工序的确定

件2的数控加工工序卡如表4-4所示。

表4-4　数控加工工序卡

| 数控车床加工工序卡 | | 产品名称或代号 | | 零件名称 | | 零件图号 | | | |
|---|---|---|---|---|---|---|---|---|---|
| | | | | 件2 | | 4-1 | | | |
| 单位名称 | ×××  | 夹具名称 | | 使用设备 | | 车间 | | | |
| | | 三爪卡盘 | | CK6150 数控车床 | | 数控实训室 | | | |
| 序号 | 工艺内容 | 刀具号 | 刀具规格/mm | 主轴转速 $n$/$(r \cdot min^{-1})$ | 进给量 $f$/$(mm \cdot r^{-1})$ | 背吃刀量 $a_p$/mm | 刀片材料 | 程序编号 | 量具 |
| 1 | 手动车右端面，含 Z 向对刀 | T02 | 25×25 | 300 | | 1 | 硬质合金 | | 游标卡尺 |
| 2 | 手动钻中心孔 | | φ3 中心钻 | 200 | | | 高速钢 | | |
| 3 | 手动钻 φ25 mm 的通孔 | | φ25 麻花钻 | 300 | | | 高速钢 | | |
| 4 | 粗车内轮廓 | T02 | 25×25 | 650 | 0.4 | 1.5 | 硬质合金 | O4102 | 内径千分尺 |
| 5 | 精车内轮廓 | T02 | 25×25 | 900 | 0.15 | 0.3 | 硬质合金 | O4102 | 内径千分尺 |
| 6 | 车螺纹 | T03 | 25×25 | 500 | 2 | 递减 | 硬质合金 | O4102 | 螺纹塞规 |
| 7 | 掉头装夹，车端面，保证总长后车倒角 | T01 | 25×25 | 300 | | 1 | 硬质合金 | | 游标卡尺 |
| 8 | 与件1旋合后粗车外轮廓 | T02 | 25×25 | 650 | 0.4 | 1.5 | 硬质合金 | | 游标卡尺 |
| 9 | 与件1旋合后精车外轮廓 | T02 | 25×25 | 900 | 0.15 | 0.3 | 硬质合金 | | 游标卡尺 |
| 编制 | | 审核 | | | 批准 | | | | |

# 三、编制数控加工程序

（1）件1参考程序如表4-5所示。

表4-5 件1参考程序

| 程序段 | 注释 |
| --- | --- |
| O4101; | 程序号 |
| M03 S650; | 主轴正转 |
| T0101; | 选择1号刀具 |
| M08; | 开切削液 |
| G00 X48 Z2; | 至循环起刀点 |
| G71 U1.5 R0.5; | 定义粗车循环 |
| G71 P10 Q20 U0.3 W0 F0.4; | 定义粗车循环 |
| N10 G00 X0; | 粗车轮廓开始 |
| G01 Z0 F0.15; | 至坐标原点 |
| G03 X24 Z-12 R12; | 车 SR12 mm 的半球面 |
| G01 Z-15; | 车外圆 |
| X25.8; | 至倒角起点位置 |
| X29.8 Z-17; | 车倒角 |
| Z-34; | 车外圆 |
| X34; | 至 R60 mm 圆弧起点 |
| G02 X44 Z-54 R60; | 车 R60 mm 的圆弧面 |
| G01 Z-70; | 车 $\phi$44 mm 的外圆 |
| N20 X45; | 车端面 |
| G00 X100 Z100; | 回换刀点 |
| M05; | 主轴停止 |
| M00; | 程序暂停 |
| T0101; | 调用刀具 |
| M03 S900; | 启动主轴 |
| G00 X48 Z2; | 至循环起刀点 |
| G70 P10 Q20; | 调用精车循环 |
| G00 X100 Z100; | 回换刀点 |
| M05; | 主轴停止 |
| M00; | 程序暂停 |
| T0202; | 调用切槽刀 |
| M03 S300; | 启动主轴 |
| G00 Z-34; | 定位槽的位置 |

| 程序段 | 注释 |
|---|---|
| X35； | 定位 X 坐标 |
| G01 X26 F0.05； | 切槽至槽底 |
| X35 F0.4； | 退出 |
| G00 X100 Z100； | 回换刀点 |
| T0303； | 调用螺纹刀 |
| M03 S500； | 启动主轴 |
| G00 X30 Z－12； | 至螺纹第一进刀点 |
| G92 X29.1 Z－21 F2； | 螺纹切削1次 |
| X28.5； | 螺纹切削2次 |
| X28.1； | 螺纹切削3次 |
| X28.05； | 螺纹切削4次 |
| G00 X100 Z100； | 退刀 |
| M30； | 程序结束 |

（2）件2参考程序如表4-6所示。

表4-6　件2参考程序

| 程序段 | 注释 |
|---|---|
| O4102； | 程序号 |
| M03 S650； | 主轴正转 |
| T0202； | 选择内孔车刀 |
| M08； | 开切削液 |
| G00 X25 Z2； | 至循环起刀点 |
| G71 U1.5 R0.5； | 定义粗车循环 |
| G71 P10 Q20 U－0.3 W0 F0.4； | |
| N10 G00 X35； | 精车轮廓开始 |
| G01 Z－12 F0.15； | 车 $\phi 35$ mm 的内孔 |
| X27.4； | 至螺纹小径处 |
| Z－32； | 车螺纹小径 |
| N20 X25； | 退刀 |
| G00 X100 Z100； | 回起刀点 |
| M05； | 主轴停止 |
| M00； | 程序暂停 |
| T0202； | 调用2号刀具 |
| M03 S900； | 启动主轴 |
| G00 X25 Z2； | 至循环起刀点 |

续表

| 程序段 | 注释 |
| --- | --- |
| G70 P10 Q20; | 调用精车循环 |
| G00 X100 Z100; | 回换刀点 |
| M05; | 主轴停止 |
| M00; | 程序暂停 |
| T0303; | 调用内螺纹车刀 |
| M03 S500; | 启动主轴 |
| G00 X25 Z2; | 快速至安全点 |
| G01 X27.4 Z−10 F0.4; | 至螺纹第一进刀点 |
| G92 X28.3 Z−33 F2; | 螺纹切削 1 次 |
| X28.9; | 螺纹切削 2 次 |
| X29.5; | 螺纹切削 3 次 |
| X29.9; | 螺纹切削 4 次 |
| X30; | 螺纹切削 5 次 |
| G00 Z100; | 退刀 |
| X100; | |
| M30; | 程序结束 |

## 四、数控仿真加工零件

### 1. 件 1 的仿真加工零件

（1）启动软件；

（2）选择机床；

（3）回参考点；

（4）设置工件并安装；

（5）装刀；

（6）输入参考程序；

（7）模拟加工；

（8）对刀；

（9）自动加工；

（10）测量尺寸。

### 2. 件 2 的仿真加工零件

（1）启动软件；

（2）选择机床；

（3）回参考点；

（4）设置工件并安装；

（5）装刀；

（6）输入参考程序；

（7）模拟加工；

（8）对刀；

（9）自动加工；

（10）测量尺寸。

## 五、数控实操加工零件

### 1. 件 1 的实际加工

（1）系统启动；

（2）装夹并找正工件；

（3）装刀（T01）；

（4）输入参考程序；

（5）模拟加工；

（6）对刀；

（7）自动加工；

（8）测量尺寸。

### 2. 件 2 的实际加工

（1）系统启动；

（2）装夹并找正工件；

（3）装刀（T01）；

（4）输入参考程序；

（5）模拟加工；

（6）对刀；

（7）自动加工；

（8）测量尺寸。

## 六、零件精度检测

（1）使用千分尺检测直径尺寸；

（2）使用游标卡尺检测直径尺寸和长度尺寸；

（3）使用半径规检测圆弧尺寸；

（4）使用螺纹环规检测外螺纹；

（5）使用螺纹塞规检测内螺纹；

（6）使用粗糙度样板检测零件表面粗糙度。

### 能力测评

参照图 4 - 2 编写加工程序。

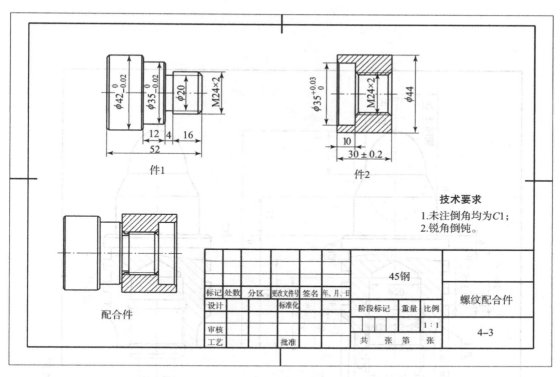

图 4-2　技能训练图

# 任务二　椭圆曲线面配合件的编程与加工

## 任务目标

### 1. 知识目标
（1）掌握宏程序的编程指令与方法；
（2）掌握用宏程序表达椭圆曲线方程的表达方式；
（3）掌握宏程序加工椭圆的编程方法。

### 2. 技能目标
（1）能够用宏程序编程加工零件；
（2）能够合理检测配合间隙。

## 任务描述

根据如图 4-3 所示零件图纸，在 CK6150 数控车床上单件小批量加工该零件。正确执行安全技术操作规程，按企业有关文明生产规定，做到工作地整洁，工件、工具摆放整齐。

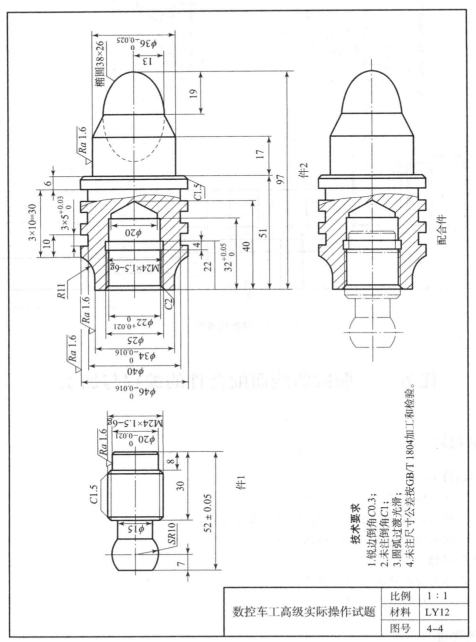

图4-3 零件图

技术要求
1. 锐边倒角C0.3；
2. 未注倒角C1；
3. 圆弧过渡光滑；
4. 未注尺寸公差按GB/T 1804加工和检验。

| 数控车工高级实际操作试题 | 比例 | 1：1 |
| --- | --- | --- |
| | 材料 | LY12 |
| | 图号 | 4-4 |

## 任务支持

### 一、宏程序编程指令

通过宏程序功能，用户可以使用变量进行算术运算、逻辑运算和函数的混合运算，此外，宏程序还提供循环语句、分支语句和子程序调用语句，有利于编制各种复杂的零件加工程序，减少甚至免除手工编程时进行的烦琐的数值计算以及精简程序量。

### （一）宏变量及常量

#### 1. 宏变量

\#0 ～ \#49 当前局部变量

\#50 ～ \#199 全局变量

\#200 ～ \#249 0 层局部变量

\#250 ～ \#299 1 层局部变量

\#300 ～ \#349 2 层局部变量

\#350 ～ \#399 3 层局部变量

\#400 ～ \#449 4 层局部变量

\#450 ～ \#499 5 层局部变量

\#500 ～ \#549 6 层局部变量

\#550 ～ \#599 7 层局部变量

\#600 ～ \#699 刀具长度寄存器 H0 ～ H99

\#700 ～ \#799 刀具半径寄存器 D0 ～ D99

\#800 ～ \#899 刀具寿命寄存器

| | | |
|---|---|---|
| \#1000 机床当前位置 X | \#1001 机床当前位置 Y | \#1002 机床当前位置 Z |
| \#1003 机床当前位置 A | \#1004 机床当前位置 B | \#1005 机床当前位置 C |
| \#1006 机床当前位置 U | \#1007 机床当前位置 V | \#1008 机床当前位置 W |
| \#1009 保留 | \#1010 程编机床位置 X | \#1011 程编机床位置 Y |
| \#1012 程编机床位置 Z | \#1013 程编机床位置 A | \#1014 程编机床位置 B |
| \#1015 程编机床位置 C | \#1016 程编机床位置 U | \#1017 程编机床位置 V |
| \#1018 程编机床位置 W | \#1019 保留 | \#1020 程编工件位置 X |
| \#1021 程编工件位置 Y | \#1022 程编工件位置 Z | \#1023 程编工件位置 A |
| \#1024 程编工件位置 B | \#1025 程编工件位置 C | \#1026 程编工件位置 U |
| \#1027 程编工件位置 V | \#1028 程编工件位置 W | \#1029 保留 |
| \#1030 当前工件零点 X | \#1031 当前工件零点 Y | \#1032 当前工件零点 Z |
| \#1033 当前工件零点 A | \#1034 当前工件零点 B | \#1035 当前工件零点 C |
| \#1036 当前工件零点 U | \#1037 当前工件零点 V | \#1038 当前工件零点 W |
| \#1039 保留 | \#1040 G54 零点 X | \#1041 G54 零点 Y |

#1042 G54 零点 Z | #1043 G54 零点 A | #1044 G54 零点 B

#1045 G54 零点 C | #1046 G54 零点 U | #1047 G54 零点 V

#1048 G54 零点 W | #1049 保留 | #1050 G55 零点 X

#1051 G55 零点 Y | #1052 G55 零点 Z | #1053 G55 零点 A

#1054 G55 零点 B | #1055 G55 零点 C | #1056 G55 零点 U

#1057 G55 零点 V | #1058 G55 零点 W | #1059 保留

#1060 G56 零点 X | #1061 G56 零点 Y | #1062 G56 零点 Z

#1063 G56 零点 A | #1064 G56 零点 B | #1065 G56 零点 C

#1066 G56 零点 U | #1067 G56 零点 V | #1068 G56 零点 W

#1069 保留 | #1070 G57 零点 X | #1071 G57 零点 Y

#1072 G57 零点 Z | #1073 G57 零点 A | #1074 G57 零点 B

#1075 G57 零点 C | #1076 G57 零点 U | #1077 G57 零点 V

#1078 G57 零点 W | #1079 保留 | #1080 G58 零点 X

#1081 G58 零点 Y | #1082 G58 零点 Z | #1083 G58 零点 A

#1084 G58 零点 B | #1085 G58 零点 C | #1086 G58 零点 U

#1087 G58 零点 V | #1088 G58 零点 W | #1089 保留

#1090 G59 零点 X | #1091 G59 零点 Y | #1092 G59 零点 Z

#1093 G59 零点 A | #1094 G59 零点 B | #1095 G59 零点 C

#1096 G59 零点 U | #1097 G59 零点 V | #1098 G59 零点 W

#1099 保留 | #1100 中断点位置 X | #1101 中断点位置 Y

#1102 中断点位置 Z | #1103 中断点位置 A | #1104 中断点位置 B

#1105 中断点位置 C | #1106 中断点位置 U | #1107 中断点位置 V

#1108 中断点位置 W | #1109 坐标系建立轴 | #1110 G28 中间点位置 X

#1111 G28 中间点位置 Y | #1112 G28 中间点位置 Z | #1113 G28 中间点位置 A

#1114 G28 中间点位置 B | #1115 G28 中间点位置 C | #1116 G28 中间点位置 U

#1117 G28 中间点位置 V | #1118 G28 中间点位置 W | #1119 G28 屏蔽字

#1120 镜像点位置 X | #1121 镜像点位置 Y | #1122 镜像点位置 Z

#1123 镜像点位置 A | #1124 镜像点位置 B | #1125 镜像点位置 C

#1126 镜像点位置 U | #1127 镜像点位置 V | #1128 镜像点位置 W

#1129 镜像屏蔽字 | #1130 旋转中心 (轴 1) | #1131 旋转中心 (轴 2)

#1132 旋转角度 | #1133 旋转轴屏蔽字 | #1134 保留

#1135 缩放中心 (轴 1) | #1136 缩放中心 (轴 2) | #1137 缩放中心 (轴 3)

#1138 缩放比例 | #1139 缩放轴屏蔽字 | #1140 坐标变换代码 1

#1141 坐标变换代码 2 | #1142 坐标变换代码 3 | #1143 保留

#1144 刀具长度补偿号 | #1145 刀具半径补偿号 | #1146 当前平面轴 1

#1147 当前平面轴 2 | #1148 虚拟轴屏蔽字 | #1149 进给速度指定

#1150 G 代码模态值 0 | #1151 G 代码模态值 1 | #1152 G 代码模态值 2

#1153 G 代码模态值 3 | #1154 G 代码模态值 4 | #1155 G 代码模态值 5

#1156 G 代码模态值 6 | #1157 G 代码模态值 7 | #1158 G 代码模态值 8

| #1159 G 代码模态值 9 | #1160 G 代码模态值 10 | #1161 G 代码模态值 11 |
| #1162 G 代码模态值 12 | #1163 G 代码模态值 13 | #1164 G 代码模态值 14 |
| #1165 G 代码模态值 15 | #1166 G 代码模态值 16 | #1167 G 代码模态值 17 |
| #1168 G 代码模态值 18 | #1169 G 代码模态值 19 | #1170 剩余 CACHE |
| #1171 备用 CACHE | #1172 剩余缓冲区 | #1173 备用缓冲区 |
| #1174 保留 | #1175 保留 | #1176 保留 |
| #1177 保留 | #1178 保留 | #1179 保留 |
| #1180 保留 | #1181 保留 | #1182 保留 |
| #1183 保留 | #1184 保留 | #1185 保留 |
| #1186 保留 | #1187 保留 | #1188 保留 |
| #1189 保留 | #1190 用户自定义输入 | #1191 用户自定义输出 |
| #1192 自定义输出屏蔽 | #1193 保留 | #1194 保留 |

**2. 常量**

PI：圆周率 π

TRUE：条件成立（真）

FALSE：条件不成立（假）

## （二）运算符与表达式

（1）算术运算符包括 + 、 − 、 * 、／。

（2）条件运算符包括 EQ（=）、NE（≠）、GT（>）、GE（≥）、LT（<）、LE（≤）。

（3）逻辑运算符包括 AND、OR、NOT。

（4）函数包括 SIN、COS、TAN、ATAN、ATAN2、ABS、INT、SIGN、SQRT、EXP。

（5）表达式。用运算符连接起来的常数、宏变量构成表达式。

例如：

175/SQRT[2] * COS[55 * PI/180];

#3* 6 GT 14;

## （三）赋值语句

格式：宏变量 = 常数或表达式

把常数或表达式的值送给一个宏变量称为赋值。

例如：

#2 =175/SQRT[2] * COS[55 * PI/180];

#3 =124.0;

## （四）条件判别语句 IF、ELSE、ENDIF

格式（i）：IF 条件表达式

……

ELSE;

ENDIF;

格式（ii）：IF 条件表达式

……

ENDIF;

## （五）循环语句 WHILE、ENDW

格式：WIIILE 条件表达式

……

ENDW;

# 二、宏程序编制椭圆曲线的数控加工程序

**1. 椭圆曲线方程**

椭圆的解析方程为

$$\frac{x^2}{a^2} + \frac{y^2}{b^2} = 1$$

式中　　$a$——椭圆的长半轴；

　　　　$b$——椭圆的短半轴。

椭圆的参数方程为

$$\begin{cases} x = a \times \cos t \\ y = b \times \sin t \end{cases}$$

式中　　$t$——角度参数。

**2. 加工原理**

一般的数控系统只有两种插补方式，即直线和圆弧。因此，手工编程时要加工此类零件就要采用特殊方法。这里使用宏程序编程，加工原理如下：

如图 4－4 所示，当机床加工上面的角度线时，虽然编程轨迹为一条斜线，但微观上，数控机床仍然是以脉冲当量为最小位移单位各轴交替差补进行的，表面仍然有较好的表面质量和表面粗糙度。因此，将椭圆分成足够多的小段直线进行加工能够实现非标准曲线椭圆的加工。

**3. 插补方法**

使用椭圆参数方程，通过改变角度值，找到椭圆上任意一点的坐标，再计算出工件坐标系下此点的坐标，然后由前一点直线插补到该点。要使加工不断继续，仅需要使参数 $t$ 不断递增。曲线的长度也由角度参数 $t$ 决定。当到达终点时，此条椭圆曲线加工完成。

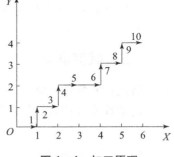

图 4－4　加工原理

**4. 具体方法**

已知椭圆的解析方程为

$$\frac{x^2}{50^2} + \frac{y^2}{40^2} = 1$$

（1）计算坐标系下，计算所要加工椭圆曲线任意一点的坐标（#1，#2），如图 4－5 所示。

设 $t$ 由参数#5 表示，$a=50$，$b=40$，则由椭圆的参数方程可得

$$\#1 = 50 \times COS \; (\#5)$$
$$\#2 = 40 \times SIN \; (\#5)$$

（2）编程坐标系中，该点坐标为（#3，#4），如图 4-6 所示。

$$\#3 = \#1 - 50$$
$$\#4 = 2 \times \#2$$

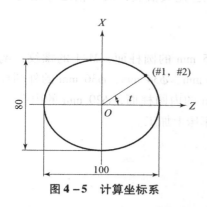

图 4-5　计算坐标系

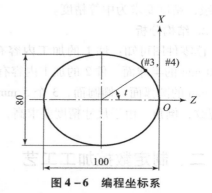

图 4-6　编程坐标系

（3）右边半个椭圆的数控精加工程序如下。

```
T0101;
M03 S800;
G00 X80 Z2;
G00 X0;
G01 Z0 F0.2;
#5 = 0;
N1 #1 = 50 * COS[#5];
#2 = 40 * SIN[#5];
#3 = #1 - 50;
#4 = 2 × #2;
G01 X[#4] Z[#3];
#5 = #5 + 1;
IF [#5 LE 90] GOTO N1;
G00 X100 Z100;
M05;
M30;
```

## 任务实施

# 一、分析零件图样

该零件为配合件。件 1 为典型的轴类零件，包含圆柱面、圆弧面、倒角和外螺纹；件

2 是典型的轴套类零件,内表面为内螺纹,与件 1 的外表面进行配合,外表面除了含有槽、圆柱面、圆弧面外,还增加了复杂的椭圆面,椭圆面需要用宏程序指令进行编程。

**1. 尺寸精度分析**

件 1 零件图中直径方向有尺寸精度要求的尺寸有 1 个,即零件中圆柱面直径 $\phi 20_{-0.021}^{0}$ mm;件 2 零件图中直径方向有尺寸精度要求的尺寸有 4 个,即圆柱面直径 $\phi 46_{-0.016}^{0}$ mm、$\phi 34_{-0.016}^{0}$ mm、$\phi 36_{-0.025}^{0}$ mm 和 $\phi 22_{0}^{+0.021}$ mm。查阅标准公差数值表,尺寸精度等级为 IT7 ~ IT6 级,精度要求为中等精度。

**2. 结构分析**

读零件图可知:件 1 的加工内容有 $\phi 20$ mm、$\phi 15$ mm 的圆柱面,M24 的螺纹,倒角,$SR10$ mm 的半球面。件 2 的加工内容有 $\phi 46$ mm、$\phi 40$ mm、$\phi 34$ mm、$\phi 36$ mm 的外圆柱面,$R11$ mm 的圆弧面,椭圆面,3 个 5 mm 的槽,$\phi 25$ mm 的内圆柱面,$\phi 20$ mm 的内孔,M24 的螺纹,倒角。由于尺寸精度要求高,故适合在数控车床上加工。

# 二、制定数控加工工艺

## (一)制定件 1 的数控加工工艺

**1. 加工方案的确定**

零件图中表面粗糙度值为 1.6 $\mu$m,查阅外圆表面加工方法,采用粗车—精车的加工方法,件 1 的加工方案为:

(1)采用三爪自定心卡盘装夹左端,零件伸出卡盘 35 mm。

(2)加工零件右侧外轮廓至尺寸。

(3)掉头装夹,车端面,保证总长。

(4)与件 2 通过螺纹配合后加工左端轮廓至尺寸。

**2. 刀具的选择**

件 1 的刀具卡片如表 4 - 7 所示。

表 4 - 7    件 1 的刀具卡片

| 序号 | 刀具号 | 刀具名称 | 数量 | 加工表面 | 刀尖半径/mm | 刀尖方位号 T |
|------|--------|----------|------|----------|-------------|--------------|
| 1 | T01 | 93°外圆粗车刀 | 1 | 粗车外轮廓 | 0.4 | 3 |
| 2 | T02 | 93°外圆精车刀 | 1 | 精车外轮廓 | 0.4 | 3 |
| 3 | T03 | 60°外螺纹车刀 | 1 | 车螺纹 | | 3 |

**3. 加工工艺的确定**

件 1 的数控加工工序卡如表 4 - 8 所示。

表4-8　数控加工工序卡

| 数控车床加工工序卡 | | | 产品名称或代号 | | 零件名称 | | 零件图号 | | |
|---|---|---|---|---|---|---|---|---|---|
| | | | | | 件1 | | 4-4 | | |
| 单位名称 | ××× | | 夹具名称 | | 使用设备 | | 车间 | | |
| | | | 三爪卡盘 | | CK6150数控车床 | | 数控实训室 | | |
| 序号 | 工艺内容 | 刀具号 | 刀具规格/mm | 主轴转速 $n$/(r·min$^{-1}$) | 进给量 $f$/(mm·r$^{-1}$) | 背吃刀量 $a_p$/mm | 刀片材料 | 程序编号 | 量具 |
| 1 | 手动车右端面，含Z向对刀 | T01 | 25×25 | 300 | | 1 | 硬质合金 | | 游标卡尺 |
| 2 | 粗车右端外圆 | T01 | 25×25 | 650 | 0.4 | 2 | 硬质合金 | O4201 | 游标卡尺 |
| 3 | 精车右端外圆 | T01 | 25×25 | 900 | 0.15 | 0.3 | 硬质合金 | O4201 | 千分尺 |
| 4 | 车螺纹 | T03 | 25×25 | 500 | 2 | 递减 | 硬质合金 | O4201 | 螺纹环规 |
| 5 | 掉头装夹，车端面，保证总长 | T01 | 25×25 | 300 | O4201 | 1 | 硬质合金 | | 游标卡尺 |
| 6 | 与件2配合后粗车左端轮廓 | T02 | 25×25 | 650 | 0.4 | 2 | 硬质合金 | O4202 | 游标卡尺 |
| 7 | 与件2配合后精车左端轮廓 | T02 | 25×25 | 900 | 0.15 | 0.3 | 硬质合金 | O4202 | 千分尺 |
| 编制 | | | 审核 | | | 批准 | | | |

## （二）制定件2的数控加工工艺

### 1. 加工方案的确定

零件图中表面粗糙度值为1.6 μm，查阅外圆表面加工方法，采用粗车—精车的加工方法，件2的加工方案为：

（1）采用三爪自定心卡盘装夹左端，工件伸出长度55 mm。

（2）加工零件右端面至尺寸。

（3）掉头装夹，车端面，保证总长。

（4）钻中心孔。

（5）钻 $\phi$20 mm 的通孔。

（6）加工零件内轮廓至尺寸。

（7）加工零件外轮廓至尺寸。

### 2. 刀具的选择

件2刀具卡片如表4-9所示。

表4-9 件2刀具卡片

| 序号 | 刀具号 | 刀具名称 | 数量 | 加工表面 | 刀尖半径/mm | 刀尖方位号T |
|------|--------|----------|------|----------|-------------|-------------|
| 1 | 手动 | 中心钻 | 1 | 钻中心孔 | — | — |
| 2 | 手动 | 麻花钻 | 1 | 钻孔 | — | — |
| 3 | T01 | 93°外圆车刀 | 1 | 粗精车外轮廓 | 0.4 | 3 |
| 4 | T02 | 93°内孔车刀 | 1 | 粗精镗内孔、内倒角 | 0.4 | 2 |
| 5 | T03 | 4 mm 内切槽刀 | 1 | 车内退刀槽 | — | — |
| 6 | T04 | 内螺纹车刀 | 1 | 车内螺纹 | — | — |
| 7 | T05 | 4 mm 外切槽刀 | 1 | 车3个5mm的槽 | — | — |

### 3. 加工工序的确定

件2的数控加工工艺卡片如表4-10所示。

表4-10 数控加工工艺卡片

| 数控车床加工工序卡 | | 产品名称或代号 | 零件名称 | | 零件图号 |
|------|------|------|------|------|------|
| | | | 件2 | | 4-4 |
| 单位名称 | ×××  | 夹具名称 | 使用设备 | | 车间 |
| | | 三爪卡盘 | CK6150 数控车床 | | 数控实训室 |
| 序号 | 工艺内容 | 刀具号 | 刀具规格/mm | 主轴转速 $n$/ $(r \cdot min^{-1})$ | 进给量 $f$/ $(mm \cdot r^{-1})$ | 背吃刀量 $a_p$/mm | 刀片材料 | 程序编号 | 量具 |
|------|----------|--------|-------------|---------|---------|----------|--------|--------|------|
| 1 | 手动车右端面，含 Z 向对刀 | T01 | 25×25 | 300 | | 1 | 硬质合金 | | 游标卡尺 |
| 2 | 粗车右端外轮廓 | T01 | 25×25 | 650 | 0.4 | 2 | 硬质合金 | O4203 | 游标卡尺 |
| 3 | 精车右端外轮廓 | T01 | 25×25 | 900 | 0.15 | 0.3 | 硬质合金 | O4203 | 千分尺 |
| 4 | 掉头装夹，车端面，保证总长 | T01 | 25×25 | 300 | | 1 | 硬质合金 | | 游标卡尺 |
| 5 | 手动钻中心孔 | | $\phi 3$ 中心钻 | 200 | | | 高速钢 | | |
| 6 | 手动钻 $\phi 20$ mm 的通孔 | | $\phi 20$ 麻花钻 | 300 | | | 高速钢 | | 游标卡尺 |
| 7 | 粗车内轮廓 | T02 | 25×25 | 650 | 0.4 | 2 | 硬质合金 | O4204 | 内径千分尺 |
| 8 | 精车内轮廓 | T02 | 25×25 | 900 | 1.5 | 0.3 | 硬质合金 | O4204 | 内径千分尺 |
| 9 | 车内退刀槽 | T03 | 25×25 | 300 | | | 硬质合金 | O4204 | 游标卡尺 |
| 10 | 车内螺纹 | T04 | 25×25 | 500 | 2 | 递减 | 硬质合金 | O4204 | 螺纹塞规 |

| 数控车床加工工序卡 | | 产品名称或代号 | | 零件名称 | 零件图号 |
|---|---|---|---|---|---|
| 单位名称 | ×××  | | | 件2 | 4-4 |
| | | 夹具名称 | 使用设备 | | 车间 |
| | | 三爪卡盘 | CK6150 数控车床 | | 数控实训室 |

| 序号 | 工艺内容 | 刀具号 | 刀具规格/mm | 主轴转速 $n$/($r \cdot min^{-1}$) | 进给量 $f$/($mm \cdot r^{-1}$) | 背吃刀量 $a_p$/mm | 刀片材料 | 程序编号 | 量具 |
|---|---|---|---|---|---|---|---|---|---|
| 11 | 粗车左端外轮廓 | T01 | 25×25 | 650 | 0.4 | 2 | 硬质合金 | O4204 | 游标卡尺 |
| 12 | 精车左端外轮廓 | T01 | 25×25 | 900 | 0.15 | 0.3 | 硬质合金 | O4204 | 千分尺 |
| 13 | 车3个5 mm的退刀槽 | T05 | 25×25 | 300 | | | 硬质合金 | O4204 | 游标卡尺 |
| 编制 | | 审核 | | | 批准 | | | | |

## 三、编制数控加工程序

（1）件1右端轮廓的参考程序如表4-11所示。

表4-11 件1右端轮廓的参考程序

| 程序段 | 注释 |
|---|---|
| O4201; | 程序号 |
| M03 S650; | 主轴正转 |
| T0101; | 选择1号刀具 |
| M08; | 开切削液 |
| G00 X27 Z2; | 至循环起刀点 |
| G71 U1.5 R0.5; | 定义粗车循环 |
| G71 P10 Q20 U0.3 W0 F0.4; | |
| N10 G00 X18; | 精车轮廓开始 |
| G01 Z0 F0.15; | 至倒角起点位置 |
| X20 Z-1; | 车 $C1$ 的倒角 |
| Z-8; | 车 $\phi20$ mm 的外圆 |
| X21; | 至倒角起点位置 |
| X23.8 Z-9.5; | 车倒角 |
| Z-34; | 车 $\phi23.8$ mm 的外圆 |

| 程序段 | 注释 |
| --- | --- |
| N20 X25; | 退刀 |
| G00 X100 Z100; | 回换刀点 |
| M05; | 主轴停止 |
| M00; | 程序暂停 |
| T0202; | 调用刀具 |
| M03 S900; | 启动主轴 |
| G00 X27 Z2; | 至循环起刀点 |
| G70 P10 Q20; | 调用精车循环 |
| G00 X100 Z100; | 回换刀点 |
| M05; | 主轴停止 |
| M00; | 程序暂停 |
| T0303; | 调用螺纹车刀 |
| M03 S500; | 启动主轴 |
| G00 X24 Z3; | 至螺纹第一进刀点 |
| G92 X23.2 Z-31 F1.5; | 螺纹切削 1 次 |
| X22.6; | 螺纹切削 2 次 |
| X22.2; | 螺纹切削 3 次 |
| X22.05; | 螺纹切削 4 次 |
| G00 X100 Z100; | 退刀 |
| M30; | 程序结束 |

(2) 件 1 左端轮廓的参考程序如表 4-12 所示。

表 4-12 件 1 左端轮廓的参考程序

| 程序段 | 注释 |
| --- | --- |
| O4202; | 程序号 |
| M03 S650; | 主轴正转 |
| T0101; | 选择刀具 |
| M08; | 开切削液 |
| G00 X27 Z2; | 至循环起刀点 |
| G73 U5 W0 R5; | 定义粗车循环 |
| G73 P10 Q20 U0.3 W0 F0.4; | |
| N10 G00 X15; | 精车轮廓开始 |

续表

| 程序段 | 注释 |
| --- | --- |
| G01 Z0 F0.15; | 至圆弧起点位置 |
| G03 X15 Z-14 R10; | 车 SR10 mm 的圆弧面 |
| G01 Z-22; | 车 φ15 mm 的外圆 |
| X21; | 至倒角起点位置 |
| X24 Z-23.5; | 车倒角 |
| N20 X25; | 退刀 |
| G00 X100 Z100; | 回换刀点 |
| M05; | 主轴停止 |
| M00; | 程序暂停 |
| T0202; | 调用刀具 |
| M03 S900; | 启动主轴 |
| G00 X27 Z2; | 至循环起刀点 |
| G70 P10 Q20; | 调用精车循环 |
| G00 X100 Z100; | 退回换刀点 |
| M30; | 程序结束 |

（3）件 2 右端轮廓的参考程序如表 4-13 所示。

表 4-13　件 2 右端轮廓的参考程序

| 程序段 | 注释 |
| --- | --- |
| O4203; | 程序号 |
| M03 S650; | 主轴正转 |
| T0101; | 选择 1 号刀具 |
| M08; | 开切削液 |
| G00 X50 Z2; | 至循环起刀点 |
| G71 U1.5 R0.5; | 定义粗车循环 |
| G71 P10 Q20 U0.3 W0 F0.4; | |
| N10 G00 X0; | 精车轮廓开始 |
| G01 Z0 F0.15; | 至椭圆起点位置 |
| #5=0; | 定义宏程序角度参数起始值 |
| N1 #1=19* COS[#5]; | 椭圆任一点 Z 坐标计算 |
| #2=13* SIN[#5]; | 椭圆任一点 X 坐标计算 |
| #3=2* #2; | X 坐标计算 |

| 程序段 | 注释 |
|---|---|
| #4 = #1 - 19; | Z 坐标计算 |
| G01 X[#3] Z[#4]; | 直线插补计算 |
| #5 = #5 + 1; | 变量赋值 |
| IF [#5 LE 90] GOTO N1; | 条件语句 |
| G01 X36 Z - 29; | 车锥面 |
| Z - 46; | 车 $\phi 36$ mm 的外圆 |
| X43; | 至倒角起点位置 |
| X46 Z - 47.5; | 车倒角 |
| Z - 50; | 车外圆 |
| N20 X50; | 精车轮廓结束点 |
| G00 X100 Z100; | 回换刀点 |
| M05; | 主轴停止 |
| M00; | 程序暂停 |
| T0101; | 调用刀具 |
| M03 S900; | 启动主轴 |
| G00 X50 Z2; | 至循环起刀点 |
| G70 P10 Q20; | 调用精车循环 |
| G00 X100 Z100; | 退刀 |
| M30; | 程序结束 |

（4）件 2 左端轮廓的参考程序如表 4 - 14 所示。

表 4 - 14　件 2 左端轮廓的参考程序

| 程序段 | 注释 |
|---|---|
| O4204; | 程序号 |
| M03 S650; | 主轴正转 |
| T0202; | 选择内孔车刀 |
| M08; | 开切削液 |
| G00 X18 Z2; | 至循环起刀点 |
| G71 U1.5 R0.5; | 定义粗车循环 |
| G71 P10 Q20 U - 0.3 W0 F0.4; | |
| N10 G00 X26; | 粗车轮廓开始 |
| G01 Z0 F0.15; | 车螺纹底孔 |
| X22.04 Z - 2; | 至螺纹小径处 |

| 程序段 | 注释 |
| --- | --- |
| Z -32; | 车螺纹小径 |
| N20 X18; | 退刀 |
| G00 X100 Z100; | 返回起刀点 |
| M05; | 主轴停止 |
| M00; | 程序暂停 |
| T0202; | 调用 2 号刀具 |
| M03 S900; | 启动主轴 |
| G00 X18 Z2; | 至循环起刀点 |
| G70 P10 Q20; | 调用精车循环 |
| G00 X100 Z100; | 返回换刀点 |
| M05; | 主轴停止 |
| M00; | 程序暂停 |
| T0303; | 调用内切槽刀 |
| M03 S200; | 启动主轴 |
| G00 X18 Z2; | 快速至安全点 |
| Z -22; | 定位至槽的起点位置 |
| G01 X22 F0.5; | 快速进给到零件内表面 |
| X25 F0.05; | 切削至槽底 |
| X18 F0.5; | 快速退刀至安全位置 |
| G00 Z100; | 快速退刀 |
| X100; | 至换刀点 |
| T0404; | 调用内螺纹车刀 |
| M03 S500; | 启动主轴 |
| G00 X18 Z3; | 快速至螺纹起刀点 |
| G92 X22.84 Z -18.5 F1.5; | 螺纹切削 1 次 |
| X23.44; | 螺纹切削 2 次 |
| X23.84; | 螺纹切削 3 次 |
| X24; | 螺纹切削 4 次 |
| G00 Z100; | 退刀 |
| X100; | |
| M03 S650; | 主轴正转 |
| T0101; | 选择内孔车刀 |
| M08; | 开切削液 |
| G00 X50 Z2; | 至循环起刀点 |

| 程序段 | 注释 |
|---|---|
| G71 U1.5 R0.5; | 定义粗车循环 |
| G71 P10 Q20 U0.3 W0 F0.4; | |
| N10 G00 X34; | 精车轮廓开始 |
| G01 Z0 F0.15; | 至圆弧起点 |
| G02 X46 Z−15 R11; | 车 $R11$ mm 的圆弧 |
| G01 Z−48; | 车 $\phi46$ mm 的圆柱面 |
| N20 X50; | 退刀 |
| G00 X100 Z100; | 返回起刀点 |
| M05; | 主轴停止 |
| M00; | 程序暂停 |
| T0101; | 调用 1 号刀具 |
| M03 S900; | 启动主轴 |
| G00 X50 Z2; | 至循环起刀点 |
| G70 P10 Q20; | 调用精车循环 |
| G00 X100 Z100; | 返回换刀点 |
| M05; | 主轴停止 |
| M00; | 程序暂停 |
| T0505; | 调用外切槽刀 |
| M03 S300; | 启动主轴 |
| G00 X50 Z−25; | 至第一个槽的起点位置 |
| G01 X46 F0.5; | 快速至外圆表面 |
| X40 F0.05; | 车至槽底 |
| X50 F0.5; | 快速返回 |
| G00 Z−35; | 至第二个槽的起点位置 |
| G01 X46 F0.5; | 快速至外圆表面 |
| X40 F0.05; | 车至槽底 |
| X50 F0.5; | 快速返回 |
| G00 X−45; | 至第三个槽的起点位置 |
| G01 X46 F0.5; | 快速至外圆表面 |
| X40 F0.05; | 车至槽底 |
| X50 F0.5; | 快速返回 |
| G00 X100 Z100; | 退回起刀点 |
| M30; | 程序结束 |

## 四、数控仿真加工零件

（1）启动软件；

（2）选择机床；

（3）回参考点；

（4）设置工件并安装；

（5）装刀；

（6）输入参考程序；

（7）模拟加工；

（8）对刀；

（9）自动加工；

（10）测量尺寸。

## 五、数控实操加工零件

### 1. 件 1 的实际加工

（1）系统启动；

（2）装夹并找正工件；

（3）装刀（T01）；

（4）输入参考程序；

（5）模拟加工；

（6）对刀；

（7）自动加工；

（8）测量尺寸。

### 2. 件 2 的实际加工

（1）系统启动；

（2）装夹并找正工件；

（3）装刀（T01）；

（4）输入参考程序；

（5）模拟加工；

（6）对刀；

（7）自动加工；

（8）测量尺寸。

## 六、零件精度检测

（1）使用千分尺检测直径尺寸；

（2）使用游标卡尺检测直径尺寸和长度尺寸；

（3）使用万能角度尺检测锥度尺寸；

（4）使用螺纹环规检测外螺纹；

（5）使用螺纹塞规检测内螺纹；

（6）使用半径规检测圆弧尺寸；

（7）使用粗糙度样板检测零件表面粗糙度。

## 能力测评

参照图4-7编写加工程序。

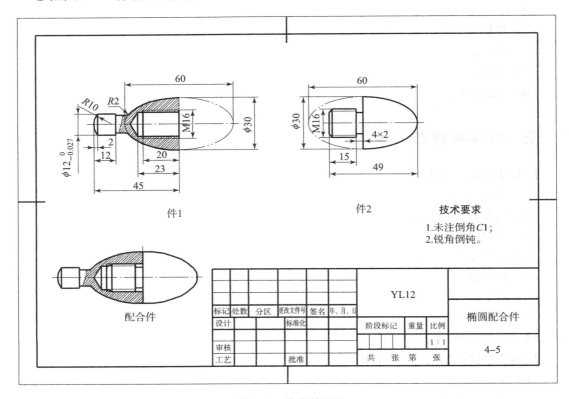

图4-7　技能训练图

# 任务三　抛物线面配合件的编程与加工

## 任务目标

**1. 知识目标**

（1）学会运用相关方法提高配合件的加工精度；

（2）能够分析配合件的加工工艺；

（3）能够对配合件进行检测。

**2. 技能目标**

（1）能够在实际加工中保证加工精度和相应的尺寸配合；

（2）具有检测配合间隙的能力。

## 任务描述

根据如图 4 - 8 所示零件图纸，在 CK6150 数控车床上单件小批量加工该零件。正确执行安全技术操作规程，按企业有关文明生产规定，做到工作地整洁，工件、工具摆放整齐。

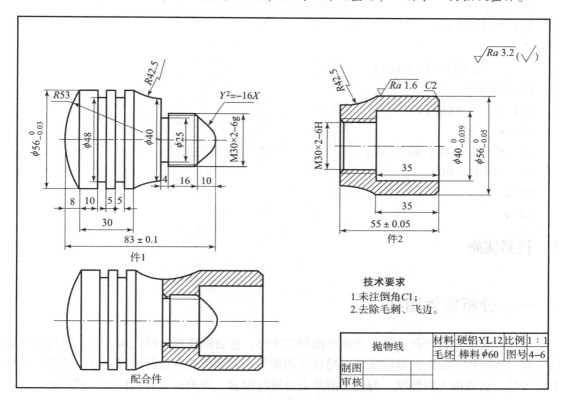

**图 4 - 8　抛物线面配合件**

## 任务支持

宏程序编制抛物线曲线的数控加工程序如下。

**1. 抛物线曲线方程**

抛物线的解析方程为

$$y^2 = -16x$$

**2. 计算方法**

（1）如图 4 - 9 所示计算坐标系下，计算所要加工抛物线曲线任意一点坐标（#1，#2）。

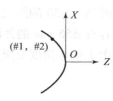

$$\#1 = 0$$

$$\#2 = \sqrt{-16 \times \#1}$$

**图 4 - 9　计算坐标系**

（2）编程坐标系中，该点坐标为（#3，#4）。

$$#3 = 2 \times #2$$

$$#4 = #1 - 0.1$$

（3）根据图 4 - 8 编写的数控精加工程序如下：

```
T0101;

M03 S600;

G00 X30 Z2;

G00 X0;

G01 Z0 F0.2;

#1 = 0;

N1 #2 = SQRT[ - 16 × #1];

#3 = 2* #2;

G01 X[#3] Z[#1];

#1 = #1 - 0.1;

IF [#1 GE - 10] GOTO N1;

G00 X100 Z100;

M05;

M30;
```

## 🐾 任务实施

## 一、分析零件图样

该任务为配合件产品。件 1 为典型的轴类零件，包含圆柱面、圆弧面、槽、倒角和外螺纹，同时还增加了复杂的抛物线面，抛物线面需要用宏程序指令进行编程；件 2 是典型的轴套类零件，内表面为内螺纹，与件 1 的外表面进行配合，外表面含有圆柱面、圆弧面。

### 1. 尺寸精度分析

件 1 零件图中直径方向有尺寸精度要求的尺寸有 1 个，即零件中圆柱面直径 $\phi 56_{-0.03}^{0}$ mm；件 2 零件图中直径方向有尺寸精度要求的尺寸有 2 个，即零件图中圆柱面直径 $\phi 56_{-0.05}^{0}$ mm 和 $\phi 40_{-0.039}^{0}$ mm。查阅标准公差数值表可知，尺寸精度等级为 IT8 ~ IT7 级，精度要求为中等精度。

### 2. 结构分析

读零件图可知：件 1 的加工内容有 $\phi 56$ mm 的圆柱面、$R53$ mm 的圆弧面、5 mm × 4 mm 的槽、M30 的螺纹、倒角、$R42.5$ mm 的圆弧面，还有一个复杂的抛物线面；件 2 的加工内容有 $\phi 56$ mm 的外圆柱面、$R42.5$ mm 的圆弧面、$\phi 40$ mm 的内圆柱面、M30 的螺纹、倒角。由于尺寸精度要求高，故适合在数控车床上加工。

## 二、制定数控加工工艺

### （一）件 1 的加工方案

**1. 加工方案**

（1）采用三爪自定心卡盘装夹右端，零件伸出卡盘 60 mm。

（2）加工零件左侧外轮廓至尺寸。

（3）调头装夹左端，加工右端外轮廓至尺寸要求。

**2. 刀具的选择**

刀具卡片如表 4 - 15 所示。

表 4 - 15　刀具卡片

| 序号 | 刀具号 | 刀具名称 | 数量 | 加工表面 | 刀尖半径/mm | 刀尖方位号 T |
|------|--------|----------|------|----------|-------------|--------------|
| 1 | T01 | 93°外圆车刀 | 1 | 粗精车外轮廓 | 0.4 | 3 |
| 2 | T02 | 4 mm 切槽刀 | 1 | 切退刀槽 | 0.2 | 3 |
| 3 | T03 | 60°螺纹车刀 | 1 | 粗精车螺纹 | 0.2 | 3 |

**3. 切削用量的选择**

（1）背吃刀量 $a_p$ 的选择。

①粗加工时：根据机床、工件和刀具的刚度确定，根据生产经验取背吃刀量 $a_p =$ 1.5 mm；

②精加工时：根据背吃刀量参考值取背吃刀量 $a_p = 0.3$ mm。

（2）进给量 $f$ 的选择。

①粗加工时：须查阅进给量参考值，取 $f = 0.4$ mm/r；

②精加工时：须查阅进给量参考值，取 $f = 0.2$ mm/r。

（3）切削速度 $v_c$ 的选择。

①粗加工时：须查阅切削速度参考值，取 70～90 m/min；

②精加工时：须查阅切削速度参考值，取 100～130 m/min。

（4）主轴转速 $n$ 的确定。

主轴转速计算公式为

$$n = \frac{1\ 000 v_c}{\pi d}$$

粗车时主轴转速为

$$\frac{1\ 000 \times 70}{\pi \times 60} \leqslant n \leqslant \frac{1\ 000 \times 90}{\pi \times 60}$$

得

$$371 \leqslant n \leqslant 477$$

精车时主轴转速为

$$\frac{1\,000 \times 100}{\pi \times 60} \leqslant n \leqslant \frac{1\,000 \times 130}{\pi \times 60}$$

得

$$530 \leqslant n \leqslant 690$$

车螺纹时主轴转速为

$$n \leqslant \frac{1\,200}{P} - K$$

式中　$P$——螺距，$K$ 取 80。

得

$$n \leqslant 520$$

粗车时主轴转速取 $n = 420$ r/min，精车时主轴转速取 $n = 650$ r/min，车螺纹时主轴转速取 $n = 500$ r/min。

**4. 加工工序的确定**

件 1 的数控加工工序片如表 4 - 16 所示。

表 4 - 16　数控加工工序卡

| 数控车床加工工序卡 | | 产品名称或代号 | 零件名称 | 零件图号 |
|---|---|---|---|---|
| | | | 件 1 | 4 - 6 |
| 单位名称 | × × × | 夹具名称 | 使用设备 | 车间 |
| | | 三爪卡盘 | CK6150 数控车床 | 数控实训室 |
| 序号 | 工艺内容 | 刀具号 | 刀具规格 /mm | 主轴转速 $n$/ (r·min$^{-1}$) | 进给量 $f$/ (mm·r$^{-1}$) | 背吃刀量 $a_p$/mm | 刀片材料 | 程序编号 | 量具 |
|---|---|---|---|---|---|---|---|---|---|
| 1 | 手动车左端面，含 $Z$ 向对刀 | T01 | 25 × 25 | 300 | | 1 | 硬质合金 | | 游标卡尺 |
| 2 | 粗车左端外圆 | T01 | 25 × 25 | 420 | 0.4 | 1.5 | 硬质合金 | O4301 | 游标卡尺 |
| 3 | 精车左端外圆 | T01 | 25 × 25 | 650 | 0.2 | 0.3 | 硬质合金 | O4301 | 千分尺 |
| 4 | 车槽 | T02 | 25 × 25 | 200 | 0.05 | 4 | 硬质合金 | O4301 | 游标卡尺 |
| 5 | 掉头装夹，车端面，保证总长 | T01 | 25 × 25 | 300 | | 1 | 硬质合金 | | 游标卡尺 |
| 6 | 粗车右端外圆 | T01 | 25 × 25 | 420 | 0.4 | 1.5 | 硬质合金 | O4302 | 游标卡尺 |
| 7 | 精车左端外圆 | T01 | 25 × 25 | 650 | 0.2 | 0.3 | 硬质合金 | O4302 | 千分尺 |
| 8 | 车退刀槽 | T02 | 25 × 25 | 200 | 0.05 | 4 | 硬质合金 | O4302 | 游标卡尺 |
| 9 | 车螺纹 | T03 | 25 × 25 | 500 | 2 | 递减 | 硬质合金 | O4302 | 螺纹环规 |
| 编制 | | 审核 | | 批准 | | | | | |

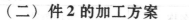

## （二）件 2 的加工方案

### 1. 加工方案

（1）采用三爪自定心卡盘装夹零件左端，零件伸出卡盘 35 mm。

（2）钻中心孔。

（3）钻 $\phi25$ mm 的通孔。

（4）粗精加工零件内轮廓至尺寸要求。

（5）粗精加工零件右端外轮廓至尺寸要求。

（6）调头装夹，手动车端面，保证总长。

（7）加工内螺纹 M30 ×2 至尺寸要求。

（8）加工左端外轮廓至尺寸要求。

### 2. 刀具的选择

刀具卡片如表 4 – 17 所示。

表 4 – 17　刀具卡片

| 序号 | 刀具号 | 刀具名称 | 数量 | 加工表面 | 刀尖半径/mm | 刀尖方位号 T |
|---|---|---|---|---|---|---|
| 1 | 手动 | 中心钻 | 1 | 钻中心孔 | — | — |
| 2 | 手动 | 麻花钻 | 1 | 钻孔 | — | — |
| 3 | T01 | 93°外圆车刀 | 1 | 粗精车外轮廓 | 0.4 | 3 |
| 4 | T02 | 内孔车刀 | 1 | 粗精镗内孔、内倒角 | 0.4 | 2 |
| 5 | T03 | 内螺纹车刀 | 1 | 粗精车内螺纹 | — | — |

### 3. 加工工序的确定

件 2 的数控加工工序卡如表 4 – 18 所示。

表 4 – 18　数控加工工序卡

| 数控车床加工工序卡 | | 产品名称或代号 | | 零件名称 | | 零件图号 | | | |
|---|---|---|---|---|---|---|---|---|---|
| | | | | 件 2 | | 4 – 6 | | | |
| 单位名称 | ×××  | 夹具名称 | | 使用设备 | | 车间 | | | |
| | | 三爪卡盘 | | CK6150 数控车床 | | 数控实训室 | | | |
| 序号 | 工艺内容 | 刀具号 | 刀具规格/mm | 主轴转速 $n$/ $(r \cdot min^{-1})$ | 进给量 $f$/ $(mm \cdot r^{-1})$ | 背吃刀量 $a_p$/mm | 刀片材料 | 程序编号 | 量具 |
| 1 | 手动车右端面，含 Z 向对刀 | T02 | 25 × 25 | 300 | | 1 | 硬质合金 | | 游标卡尺 |
| 2 | 手动钻中心孔 | | $\phi3$ 中心钻 | 200 | | | 高速钢 | | |
| 3 | 手动钻 $\phi25$ mm 的通孔 | | $\phi25$ 麻花钻 | 300 | | | 高速钢 | | |

| 数控车床加工工序卡 | | 产品名称或代号 | | 零件名称 | | 零件图号 |
|---|---|---|---|---|---|---|
| | | | | 件2 | | 4－6 |
| 单位名称 | ×××| 夹具名称 | | 使用设备 | | 车间 |
| | | 三爪卡盘 | | CK6150 数控车床 | | 数控实训室 |

| 序号 | 工艺内容 | 刀具号 | 刀具规格 /mm | 主轴转速 n/ (r·min$^{-1}$) | 进给量 f/ (mm·r$^{-1}$) | 背吃刀量 $a_p$/mm | 刀片材料 | 程序编号 | 量具 |
|---|---|---|---|---|---|---|---|---|---|
| 4 | 粗车内轮廓 | T02 | 25×25 | 420 | 0.4 | 1.5 | 硬质合金 | O4303 | 内径千分尺 |
| 5 | 精车内轮廓 | T02 | 25×25 | 650 | 0.2 | 0.3 | 硬质合金 | O4303 | 内径千分尺 |
| 6 | 粗车外轮廓 | T01 | 25×25 | 420 | 0.4 | 1.5 | 硬质合金 | O4303 | 游标卡尺 |
| 7 | 精车外轮廓 | T01 | 25×25 | 650 | 0.2 | 0.3 | 硬质合金 | O4303 | 外径千分尺 |
| 8 | 掉头装夹，车端面，保证总长 | T01 | 25×25 | 300 | | 1 | 硬质合金 | | 游标卡尺 |
| 9 | 车螺纹 | T03 | 25×25 | 500 | 2 | 递减 | 硬质合金 | O4304 | 螺纹塞规 |
| 10 | 粗车外轮廓 | T01 | 25×25 | 420 | 0.4 | 1.5 | 硬质合金 | O4304 | 游标卡尺 |
| 11 | 精车外轮廓 | T01 | 25×25 | 650 | 0.2 | 0.3 | 硬质合金 | O4304 | 外径千分尺 |
| 编制 | | 审核 | | | 批准 | | | | |

## 三、编制数控加工程序

（1）件1左端轮廓的参考程序如表4－19所示。

表4－19　件1左端参考程序

| 程序段 | 注释 |
|---|---|
| O4301； | 程序号 |
| M03 S420； | 主轴正转 |
| T0101； | 选择1号刀具 |
| M08； | 开切削液 |
| G00 X62 Z2； | 至循环起刀点 |
| G71 U1.5 R0.5； | 定义粗车循环 |
| G71 P10 Q20 U0.3 W0 F0.4； | |
| N10 G00 X0； | 粗车轮廓开始 |
| G01 Z0 F0.15； | 至圆弧起点位置 |
| G03 X56 Z－8 R53； | 车 R53 mm 的圆弧 |
| G01 Z－40； | 车 φ56 mm 的外圆 |

| 程序段 | 注释 |
|---|---|
| N20 X62; | 退刀 |
| G00 X100 Z100; | 回换刀点 |
| M05; | 主轴停止 |
| M00; | 程序暂停 |
| T0101; | 调用刀具 |
| M03 S650; | 启动主轴 |
| G00 X62 Z2; | 至循环起刀点 |
| G70 P10 Q20; | 调用精车循环 |
| G00 X100 Z100; | 回换刀点 |
| M05; | 主轴停止 |
| M00; | 程序暂停 |
| T0202; | 调用切槽刀 |
| M03 S200; | 启动主轴 |
| G00 X60 Z-23; | 至槽的起点位置 |
| G01 X56 F0.4; | 至工件表面 |
| X48 F0.05; | 切槽至槽底 |
| X60 F0.4; | 退刀 |
| G00 Z-33; | 至第二个槽的起点位置 |
| G01 X56 F0.4; | 至工件表面 |
| X48 F0.05; | 切槽至槽底 |
| X60 F0.4; | 退刀 |
| G00 X100 Z100; | 回换刀点 |
| M30; | 程序结束 |

（2）件1右端轮廓的参考程序如表4-20所示。

表4-20　件1右端轮廓的参考程序

| 程序段 | 注释 |
|---|---|
| O4302; | 程序号 |
| M03 S420; | 主轴正转 |
| T0101; | 选择1号刀具 |
| M08; | 开切削液 |
| G00 X62 Z2; | 至循环起刀点 |

| 程序段 | 注释 |
| --- | --- |
| G71 U1.5 R0.5;BFB | 定义粗车循环 |
| G71 P10 Q20 U0.3 W0 F0.4; | |
| N10 G00 X0; | 粗车轮廓开始 |
| G01 Z0 F0.15; | 至椭圆起点位置 |
| #1 = 0; | 定义参数起始值 |
| N1 #2 = SQRT[-16*#1]; | 椭圆任一点 $X$ 坐标计算 |
| #3 = 2*#2; | $X$ 坐标计算 |
| G01 X[#3] Z[#1]; | 直线插补计算 |
| #1 = #1 - 0.1; | $Z$ 坐标计算 |
| IF [#1 GE -10] GOTO N1; | 条件语句 |
| G01 X26; | 车端面 |
| X29.8 Z -12; | 车螺纹倒角 |
| Z -30; | 车螺纹大径 |
| X46; | 车端面至 $X46$ 的点 |
| G02 X56 Z -50 R42.5; | 车 $R42.5$ mm 的圆弧 |
| N20 X62; | 精车轮廓结束点 |
| G00 X100 Z100; | 回换刀点 |
| M05; | 主轴停止 |
| M00; | 程序暂停 |
| T0101; | 调用刀具 |
| M03 S650; | 启动主轴 |
| G00 X62 Z2; | 至循环起刀点 |
| G70 P10 Q20; | 调用精车循环 |
| G00 X100 Z100; | 退刀 |
| T0202; | 调用切槽刀 |
| M03 S200; | 启动主轴 |
| G00 X50 Z -30; | 快速至安全点 |
| G01 X30 F0.5; | 快速进给到零件内表面 |
| X25 F0.05; | 切削至槽底 |
| X32 F0.5; | 快速退刀至安全位置 |
| G00 Z100; | 快速退刀 |
| X100; | 至换刀点 |

续表

| 程序段 | 注释 |
|---|---|
| T0303 ; | 调用内螺纹车刀 |
| M03 S500 ; | 启动主轴 |
| G00 X30 Z-8 ; | 快速至螺纹起刀点 |
| G92 X28.2 Z-27 F2 ; | 螺纹切削 1 次 |
| X27.8 ; | 螺纹切削 2 次 |
| X27.5 ; | 螺纹切削 3 次 |
| X27.4 ; | 螺纹切削 4 次 |
| G00 X100 Z100 ; | 至换刀点 |
| M30 ; | 程序结束 |

（3）件 2 右端轮廓的参考程序如表 4-21 所示。

表 4-21　件 2 右端轮廓的参考程序

| 程序段 | 注释 |
|---|---|
| O4303 ; | 程序号 |
| M03 S420 ; | 主轴正转 |
| T0202 ; | 选择内孔车刀 |
| M08 ; | 开切削液 |
| G00 X23 Z2 ; | 至循环起刀点 |
| G71 U1.5 R0.5 ; | 定义粗车循环 |
| G71 P10 Q20 U-0.3 W0 F0.4 ; | 定义粗车循环 |
| N10 G00 X40 ; | 精车轮廓开始 |
| G01 Z-35 F0.15 ; | 车 $\phi40$ mm 的内孔 |
| X27.4 ; | 至螺纹小径处 |
| Z-55 ; | 车螺纹小径 |
| N20 X23 ; | 退刀 |
| G70 P10 Q20 ; | 调用精车循环 |
| G00 X100 Z100 ; | 返回换刀点 |
| M05 ; | 主轴停止 |
| M00 ; | 程序暂停 |
| T0101 ; | 调用外圆车刀 |
| M03 S420 ; | 启动主轴 |
| G00 X60 Z2 ; | 主切削起点 |

| 程序段 | 注释 |
| --- | --- |
| G71 U1.5 R0.5; | 定义粗车循环 |
| G71 P10 Q20 U0.3 W0 F0.4; | |
| N10 G00 X52; | 至起点 |
| G01 Z0 F0.15; | 倒角位置起点 |
| X56 Z−2; | 车倒角 |
| Z−35; | 车 $\phi56$ mm 的外圆 |
| N20 X60; | 退刀 |
| G00 X100 Z100; | 回换刀点 |
| M05; | 主轴停止 |
| M00; | 程序暂停 |
| T0101; | 调用刀具 |
| M03 S650; | 启动主轴 |
| G00 X60 Z2; | 至循环起刀点 |
| G70 P10 Q20; | 调用精车循环 |
| G00 X100 Z100; | 退刀 |
| M30; | 程序结束 |

（4）件 2 左端轮廓的参考程序如表 4−22 所示。

表 4−22　件 2 左端轮廓的参考程序

| 程序段 | 注释 |
| --- | --- |
| O4304; | 程序号 |
| M03 S650; | 主轴正转 |
| T0303; | 调用内螺纹车刀 |
| M03 S500; | 启动主轴 |
| G00 X27 Z4; | 快速至螺纹起刀点 |
| G92 X28.3 Z−21 F2; | 螺纹切削 1 次 |
| X28.9; | 螺纹切削 2 次 |
| X29.5; | 螺纹切削 3 次 |
| X29.9; | 螺纹切削 4 次 |
| X30; | 螺纹切削 5 次 |
| G00 Z100; | 退刀 |
| X100; | |

| 程序段 | 注释 |
|---|---|
| M03 S420; | 主轴正转 |
| T0101; | 选择外圆车刀 |
| M08; | 开切削液 |
| G00 X60 Z2; | 至循环起刀点 |
| G71 U1.5 R0.5; | 定义粗车循环 |
| G71 P10 Q20 U0.3 W0 F0.4; | |
| N10 G00 X46; | 粗车轮廓开始 |
| G01 Z0 F0.15; | 至圆弧起点 |
| G02 X56 Z－20 R42.5; | 车 $R42.5$ mm 的圆弧 |
| G01 Z－21; | 车 $\phi56$ mm 的圆柱面 |
| N20 X60; | 退刀 |
| G00 X100 Z100; | 返回起刀点 |
| M05; | 主轴停止 |
| M00; | 程序暂停 |
| T0101; | 调用 1 号刀具 |
| M03 S650; | 启动主轴 |
| G00 X60 Z2; | 至循环起刀点 |
| G70 P10 Q20; | 调用精车循环 |
| G00 X100 Z100; | 返回换刀点 |
| T0202; | 换内孔车刀 |
| M03 S420; | 启动主轴 |
| G00 X34 Z2; | 至倒角延长线一点 |
| G01 X26 Z－2 F0.2; | 车内倒角 |
| Z2; | 退刀 |
| G00 X100 Z100; | 回起刀点 |
| M30; | 程序结束 |

## 四、数控仿真加工零件

### 1. 件 1 的仿真加工零件

（1）启动软件；

（2）选择机床；

（3）回参考点；

（4）设置工件并安装；

（5）装刀；

（6）输入参考程序；

（7）模拟加工；

（8）对刀；

（9）自动加工；

（10）测量尺寸。

**2. 件 2 的仿真加工零件**

（1）启动软件；

（2）选择机床；

（3）回参考点；

（4）设置工件并安装；

（5）装刀；

（6）输入参考程序；

（7）模拟加工；

（8）对刀；

（9）自动加工；

（10）测量尺寸。

# 五、数控实操加工零件

**1. 件 1 的实际加工**

（1）系统启动；

（2）装夹并找正工件；

（3）装刀（T01）；

（4）输入参考程序；

（5）模拟加工；

（6）对刀；

（7）自动加工；

（8）测量尺寸。

**2. 件 2 的实际加工**

（1）系统启动；

（2）装夹并找正工件；

（3）装刀（T01）；

（4）输入参考程序；

（5）模拟加工；

（6）对刀；

（7）自动加工；

（8）测量尺寸。

# 六、零件精度检测

（1）使用千分尺检测外径尺寸；

（2）使用游标卡尺检测直径尺寸和长度尺寸；

（3）使用半径规检测圆弧尺寸；

（4）使用螺纹环规检测外螺纹；

（5）使用螺纹塞规检测内螺纹；

（6）使用粗糙度样板检测零件表面粗糙度。

## 能力测评

参照图 4－10 编写加工程序。

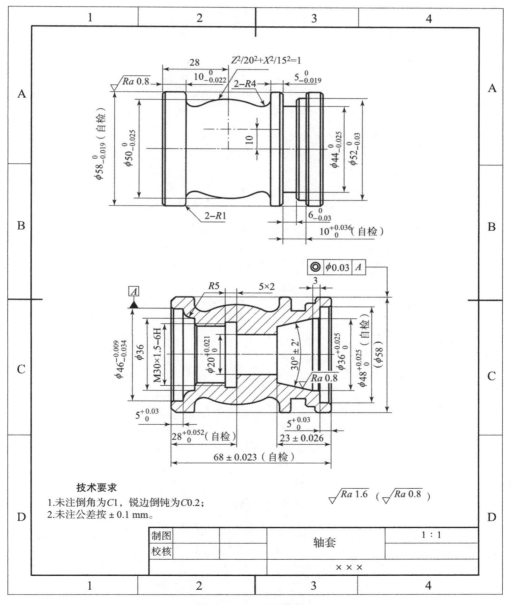

**图 4－10　技能训练图**